U0392639

芸芸众生

——致动物和爱动物者的公开信

[法]弗里德里克·勒诺瓦（Frédéric Lenoir）著

王秀丽 梁云 译

Lettre ouverte
aux animaux
et à ceux qui
les aiment

生活·讀書·新知 三联书店

"LETTRE OUVERTE AUX ANIMAUX (ET A CEUX QUI LES AIMENT)"
by Frédéric Lenoir
©Librairie Arthème Fayard 2017
CURRENT TRANSLATION RIGHTS ARRANGED THROUGH DIVAS
INTERNATIONAL, PARIS
巴黎迪法国际版权代理

Simplified Chinese Copyright © 2020 by SDX Joint Publishing Company.
All Rights Reserved.

图书在版编目（CIP）数据

芸芸众生：致动物和爱动物者的公开信／（法）弗里德里克·勒诺瓦著；王秀丽，梁云译. —北京：生活·读书·新知三联书店，2020.7
ISBN 978 – 7 – 108 – 06845 – 3

Ⅰ.①芸… Ⅱ.①弗…②王…③梁… Ⅲ.①动物保护－普及读物 Ⅳ.① S863-49

中国版本图书馆 CIP 数据核字（2020）第 073598 号

责任编辑　李静韬
装帧设计　蔡立国
责任印制　徐　方
出版发行　**生活·讀書·新知** 三联书店
　　　　　（北京市东城区美术馆东街 22 号 100010）
网　　址　www.sdxjpc.com
图　　字　01-2017-8004
经　　销　新华书店
印　　刷　三河市天润建兴印务有限公司
版　　次　2020 年 7 月北京第 1 版
　　　　　2020 年 7 月北京第 1 次印刷
开　　本　850 毫米×1092 毫米　1/32　印张 5
字　　数　80 千字　图 28 幅
印　　数　0,001 – 6,000 册
定　　价　49.00 元

（印装查询：01064002715；邮购查询：01084010542）

谨以此书怀念爱犬古斯塔夫！

人没有两颗心，一颗专门用来爱人，一颗专门用来爱动物。实际上，人与人的差别就在于有没有仁爱之心。

　　　　　　　（法）阿尔封斯·德·拉马丁

目 录

最亲爱的动物们[*]

在你们看来，人类肯定是相当奇怪的物种！因为你们不管对人类还是对自己同类，几乎都一视同仁。而我们人类对你们的所想、所为却往往充满矛盾。比方说，有些人对小猫、小狗充满无限的敬意，而另一些却百般虐待它们；我们一方面对自己饲养的宠物百般呵护，宠爱有加，另一方面却能够吞下被宰杀的羔羊、小牛肉、乳猪肉……大快朵颐，

---

* 原文有"此处不含人类"。——译注

津津有味，乐此不疲。是谁把它们从母亲的怀里夺过来，然后活生生带到屠宰场？它们不是和我们的宠物一样敏感、一样聪明吗？这不是人类面对你们时表里不一、厚此薄彼的表现吗？我知道，在你们眼里，人类一定是疯狂的。

这束公开信一开始就说人类言行矛盾，当然也包含我。对待你们，我既不是榜样，也不完美，甚至还差得很远。只是从童年时代起，我就对你们怀有一种亲近感，我不害怕这世上的任何一种动物，我其实一直更害怕自己的同类！记得在刚刚三四岁的时候，父母为了不让我深夜独自去花园深处，就吓唬我说，有偷孩子的坏人在那里转悠，当时我就这样回答他们："我知道有小偷偷我，但是大灰狼会保护我的。"

我向来对你们的痛苦和对人类的痛苦一样敏感。即使到现在这个年龄，我还是不忍看蜜蜂掉入泳池、垂死挣扎。每每此时，我都会小心翼翼地将其救起，然后再去游泳。无论是杀死动物或是看到动物被杀，我都会感到同样的痛苦。刚满十岁的时候，我观看了人生中第一次（也是最后一次）斗牛比赛，至今仍然记得那令人难受的场面。那是一头失明的公牛，套着鞍子、充满恐惧，让人心生怜悯，斗牛士骑在马背上，开始用长矛刺牛。

我明白人类已经做了手脚，在这场人和公牛之间所谓"高贵又公正"的决斗中，结局早已注定，公牛是不可能有胜算的。于是我开始呕吐，赶紧离开了斗牛场。七八岁时，父亲曾想让我学打猎。他拿给我一把非洲弓，我们就去树林里找猎物。不久，距离我们几米开外的地方，就有四只漂亮的野鸡接连飞了起来。身后的父亲急忙喊道："射箭！射箭！"但是我一动不动，没法射出弓箭。怎么能够出于一己乐趣而不是必要，就这样毁掉几个翱翔的生命呢？但奇怪的是，我对钓鱼没有任何心理障碍。小时候，老宅附近环绕着一条小河，我经常做个简易鱼竿，挖出蚯蚓（对它们也没有任何怜悯！），穿在一根弯针上，弯针是挂在绳子末端当鱼钩的。我钓到很多小鱼，立即弄死，免得它们慢慢窒息，放在柴火上烤着吃。当然到现在，我已经有大约四十年不再钓鱼了……钓鱼从来不会让我感到任何不舒服，而猎杀陆地上的动物来吃却几乎办不到。我自己也不明白这种"双重标准"源自何处，我确实是芸芸众生的典型：对你们所遭受的痛苦很敏感，为减少你们的痛苦多年来一直努力抗争，却无法抵御一盘美味海鲜的诱惑。即使现在的我已经很少食肉，并致力成为素食主义者，但我还会忍不住在餐厅或在朋友家吃上一份烤鸡，也会毫不犹豫地打死一只影响我睡觉的蚊子，或者彻底消除在大衣上钻洞的蛀虫……尤其那还是一件"羊毛"大衣！你们最好的朋友当然是那些纯粹素食者，他们绝不食用任何肉类，也不使用任何动物制品，但是我还做不到这点。另外，我也郑重提出了这样一个问题，并且在这束信的末尾还会回到这一问题上，那就是：人类对待你们的伦理态度是否应该考虑到不同动物对痛苦的敏感程度和智商差异？还是说对所有动物"一视同仁"绝对尊重？等等。

　　研究动物习性和认知的专家，就是动物行为学家，他们近几十年揭示了人类和你们动物之间巨大的相似性，其相似程度甚至远远超过我们的想象。这让我们明白，动物和人类一样，都对痛苦相当敏感。跟人类一样，也有逻辑、演绎、辨别能力，甚至还有命名能力。跟人类一样，也会使用语言，有时候也会制造工具，也会将你们的习俗传承给后代。跟人类一样，有时会开玩笑，很喜欢嬉戏玩耍。跟人类一样，你们也有爱心，也常常表现出同情心。你们中的一些，甚至还能意识到"自己"的存在，并表现出相当的道德感和公平心——是你们动物的道德感和公平心，而非人类的。当然了，我们之间也存在诸多差异，正如不同物种之间的差异一样，但每一物种相比于其他物种都是独一无二的。人类的特征，如语言的复杂性，欲望的无止境、思想的神话宗教特点、对未来的规划能力和普世的道德良知，这些特点本应该促使我们对你们秉持公正负责的态度。而事实却是，我们时常受最愚蠢的本能驱使，摆脱不掉弱肉强食的古老法则，想要征服你们动物，利用你们动物。并且，我们人类还会用无数的诡计和说辞遮掩这种掠夺和剥削本能，因为人类区别于动物的一个典型特点就是会为自己的欲望辩护。17世纪的哲学家斯宾诺莎就注意到这一点："人类并不是判定一个东西好，就想要得到它，而是想要得到一个东西，所以就判定它好。"[1] 用驴干活，观看斗牛比赛，吃乳猪肉……这些都是对人类有利的事情。不说了！只要我们能编造出充分的理由，无论是经济的、文化的、生物的、美食的或者宗教的，就能心安理得地填充我们对动物的欲壑。

鉴于我们不能想你们之所想，你们也不能"想"我们之所想。因此，这束信首先要解释一下人类对你们动物和对于人类自身的看法。然后再讲述人类和动物之间的历史渊源，以及人类如何想方设法征服你们、利用你们，以至于今日大规模屠杀你们的状况。同时这束信也要讲讲那些向来都拒绝，并且继续拒绝这种利用和屠杀动物的人。最后这束信想要说明，人类作为地球上最强大，自然也是道义上最该负责任的物种，到底应该怎么做才能更好地尊重你们动物。最最亲爱的动物们，因为你们无法用人类的语言表达出你们的想法。本书作者在讲述过程中也会时不时地引用你们动物最有说服力的人类朋友们的话，他们当中有作家、哲学家、科学家，也有诗人，他们懂得，只有尽可能尊重地球上所有有感知的生命，人类才能成长为真正可感、可知的人。

第一封信

我们人类是如何成为世界的主人的

几千年来，人类自认为是地球上进化程度最高的动物，甚至认为自己不属于动物，人类是一方，动物是另一方。但是事实远非如此。人类和地球上的猿类有共同的祖先，这些猿类包括：黑猩猩、倭猩猩、红猩猩和大猩猩。几百万年前，我们共同的祖先向不同的方向进化，因而产生了"人属"（Homo），最早的"人属"我们称之为"南方古猿"（Australopithèque）。他们出现在非洲东部，随后又迁徙到欧洲和亚洲。由于各自生活在极为不同的自然环境中，这些古猿又进一步分化为不同的种类，我们把分布在欧洲和西亚的称为"尼安德特人"，分布在东亚的称为"直立人"。在接下来的数十万年里，地球上的其他地方又出现了各类人种①。目前我们发现，在十万年前，地球上至少有六个不同的人种。他们有哪些共同特征呢？第一点就是，他们的大脑像猿类一样都以独特的方式进化，但是在进化中，他们开始逐渐用后肢行走，直立行走解放了他们的前肢，因而行动更加

---

① 这里提到的"人种"指的是 Homo（人属）不同种类的成员，如上文提到的尼安德特人，以及后文将提到的智人等。下同。——译注

灵活，可以完成诸如制造工具之类更复杂的工作。同时，他们逐渐学会使用火，并因此获益良多：诸如抵御肉食动物的侵袭、取暖和烹饪食物等。尤其是第三点，食用熟食引发了营养状况的改变，对他们的生理，尤其是大脑的再次进化起到了极为重要的作用。第二个共同点是，一方面，相较于其他动物，他们的后代都是早产儿，需要更长时间的保护、抚养和教育才能独立生活，另一方面，这种长时间的养育呵护，也有利于文化知识的传承和社会性的发展。这两点是他们进化为人类的重要特征。

直到十几万年前，地球上又进化出了新的人种：智人（Les Sapiens）。智人和其他人种共同生存了几千年。直到公元前 7 万年，智人开始征服地球，这一过程也伴随着其他人种的消亡。究其原因，到底是智人征服了那些同类并逐一消灭了他们，还是通过混居使他们逐渐同化了呢？专家们还在为此争论不休。但最终结果是，智人获胜了，自此以后，他们成为人类的唯一祖先。

智人成功的秘诀是什么呢？当然不是因为他们身强力壮，因为就体力而言，尼安德特人要比他们强壮得多。智人的成功源于大脑的进化。专家们以"认知革命"来形容智人在头脑上的质性飞跃，大脑的快速发展把他们与其他史前人类区别开来。从大约公元前7万年至公元前2万年，在这5万年间，智人制造出了大量复杂的工具，比如船、弓箭、针等，同时制造了很多装饰品、首饰和艺术品，比如拉斯科洞穴和肖维洞穴的岩石壁画。同时，他们开始举行宗教仪式，虽然其具体信仰现在已不得而知，但从遗留的丧葬仪式和宗教器物遗迹上，仍能看出一些端倪。

人类学家认为，这种"认知革命"在很大程度上与智人的语言能力相关，人类只能发出数量有限的声音，但是组合起来却能产生数量无限、意义多样的句子。当然，这一点上，你们动物也有自己的语言，但往往传达的是具体的信息，比如警告危险、表达谢意或爱意、告知食物来源等，而人类的语言可以描述非常复杂的情形，非常有利于群体间的交流和沟通。人类语言的另一个特征是能够讲述不可见的事物，如精神、神灵、灵魂——这些不存在或肉眼看不见的抽象事物。

其中信奉虚构的事物对智人的进化具有决定性的影响。神话思想和宗教思想是人类文明产生和发展的根基，信仰超越自身的不可见的事物能将人类团结起来。每一种共同的神话或宗教信仰都会建立起一定的社会联系，有利于互不相识、群居的智人之间的协作，并由此我要为他者的痛苦而抗争，因为那是实实在在的痛苦，就跟我的痛苦一样。我要为他者的福利而努力，因为他们跟我一样，都是活生生的生灵。

寂天

（印度佛教圣师，公元8世纪）

请不要再把人当作万物的尺度！让我们以别的物种的本来面目评判它们！这样，人类就会发现很多闻所未闻的东西，有一些对人类而言简直是不可思议。

弗兰斯·德瓦尔

（荷兰动物行为学家，生于1948年）

产生共同的价值观，互相信任、和平共存。同时神话和宗教思想会使政治统治神圣化，赋予最高首领——无论是国王、皇帝，还是法老——一定的合法性。这种合法性能够保障政治权力的稳定、维护政权内部不同人群的团结，有利于建立共同的王国。但是，同样是想象的力量，神话和宗教思想也可能引起社会政治组织的猛烈变革。如果一个社会的根本的神话发生改变，这个社会就会立刻被推翻，欧洲启蒙时代和大革命时代经历的就是这种现象。当时的社会之所以被颠覆，原因就在于大多数人对理性、进步和个人自由的信仰替代了对基督教神话的崇拜。然而，除非发生巨大的基因突变，否则会引发深刻社会政治变革的象征性思想，是不会出现在动物世界的。正如历史学家尤瓦尔·赫拉利在其著名作品《人类简史：从动物到上帝》①中所论述的："人类和黑猩猩之间真正不同的地方就在于那些虚构的故事，它像胶水一样把千千万万的个人、家庭和群体结合在一起。这种胶水，让我们成了万物的主宰。"[1]

你们一定想问：智人的大脑到底发生了什么变化，使得他们能迅速发展出独特的语言、丰富的想象力和高

① 《人类简史：从动物到上帝》，作者是尤瓦尔·赫拉利，中译本由中信出版社引介。——译注

度抽象的思想，并且促进了艺术和宗教的崛起？对这一问题，或许我们永远也无法给出答案。

我们人类从驯养到利用你们动物

亲爱的动物们，智人的认知革命和异军突起，对你们并未立即产生灾难性的影响。相反，宗教神话意识，首先促成了对大自然普遍的崇拜。最初的宗教信仰都是泛灵论的，即认为天下万物皆有灵魂，因此水、火、木、草、动物和其他一切生灵都有灵魂。智人在"通灵"状态下，与这些"灵魂"沟通，努力得到它们的恩惠，并且让自身和谐地融入周围的环境中去。即使要打猎物来吃，智人也会祈求被猎杀动物的灵魂宽恕。我们那些依靠打猎和采集野果为生的祖先，饮食似乎相当丰富，并不只吃肉。

但是从旧石器时代进入新石器时代后，事情发生了翻天覆地的变化，其特点就是定居和农业革命。人类生活方式的这种根本性变革始于12000年前，第四纪冰期的结束期。在小亚细亚和现在的近东地区，曾经游牧的人们改变了他们的生活方式和组织方式。他们建立了村庄，开始耕种土地，饲养起了动物。这种变革在接下来的几千年里逐渐普及开来。

正是从那时候开始，作为动物的你们的

生存状况开始变糟糕。曾经的狩猎者、采集者是自然世界的一部分，可能没有自视甚高，觉得自己不同于其他动物或比其他动物高级，而定居生活的农耕者则逐渐产生了一种自己是世界主宰的宗教神话思想。他们的食物不再来自原始的自然（狩猎和采集），而转向农耕和畜牧业，因而得到了充足的保障，这也促使他们逐渐远离泛灵论思想，转而发展出其他的信仰：他们所崇拜的诸神已不在大地上，而是栖居于遥远的"天界"。这样他们就第一次在不同生物中建立起了等级制度：最高等的，是身处天上的诸神；低等的是地上的动物；人类自己则是自然界和神灵之间的中介，他们自认为是地球上进化程度最高的、唯一可以和神交流的物种。甚至整个宇宙的秩序全都仰仗他们和他们举行的宗教仪式——这是神灵交给他们的使命。在所有的远古人类文化中，最主要的仪式就是祭祀。祭司以族群的名义将种子和动物献给神灵，希望借此维护宇宙的秩序，同时为自己的族群获取神的保护和庇佑。这种新的宗教仪式在智人定居后发展起来，并在后来智人合法地与自然界决裂，将自己的控制力施加给其他动物的过程中扮演了很重要的角色。其结果就是，亲爱的动物们，利用你们再也不能对人类造成良知上的困扰。

正是在这样的"新思想"背景下，很多动物开始被驯化和饲养。大约在 15000 年前，还只有狗被驯化了，而在向新石器时代发展的过程中，绵羊、山羊、牛、猪、马、驴、骆驼、羊驼、火鸡、鸡、鸭和猫等等都被驯化了。从那时起，除了猫和狗作为宠物之外，其他动物往往被用来获取最大限度的利益，因此"钱"（拉丁文 *pecunia*）这个词源自拉丁文的"牛"（*pecus*），绝非偶然。因为富有就是拥有牲畜，牲畜不但可以干重活（耕地、运输），还可以养来使用（毛和皮）或食用（奶、蛋，甚至肉）。

随着时间的推移，这种为了人类的利益而剥削动物的情况愈演愈烈，尤其是 20 世纪以来，泰勒①式生产主义和对利润最大化的追求使你们的状况剧烈恶化。在所谓的发达国家里，人类所食用的肉类 80% 至 95% 都是工业化饲养的。因此，大部分农场里的动物已不仅仅是被利用，而是被过度盘剥了，它们被看成是产肉机、产奶机、产蛋机，是为人类服务的机器；它们的自然需求和社会需求完全不被考虑，它们奄奄一息。家禽本来可以活七年到十二年，但是现在只有几个月的生命。它们挤在狭小的笼子里，没有丝毫行动的可能，笼子又层层叠叠地安置在巨大的棚子里，等它们达到最佳体重就被宰杀。母鸡的寿命可能长一些，但是其生存条件与其他家

---

① 弗雷德里克·温斯洛·泰勒（1856—1915），美国著名管理学家、经济学家，被后世称为"科学管理之父"。——译注

禽一样恶劣，而小公鸡则一出生就会被"毁灭"（détruits）。在这种"集中营"式的环境中，母猪被干脆称作"矿料"（minerai）。它们的命运也好不了多少，数星期被关在狭小的猪圈里（连转身都没有可能），只等着产崽，直至最终被宰。牛虽然侥幸逃脱了工业化养殖的命运，可以在草地上度过大部分的时光，但是它们也只能活几年，然后就被屠宰，它们本来可以活二十多年。母牛则频繁接受人工授精，生产小牛，小牛一出生，就会与母牛隔离，以免影响母牛产奶。接下来，小母牛会继续奶牛妈妈的命运，小公牛则被孤独地关在牛圈里，没有活动的自由。它们在狭小的公共围场里被养上几个月，然后被屠宰，以便获取鲜嫩可口的小牛肉。"乳用"母绵羊和母山羊的命运和母牛一样，小公山羊和小公绵羊也是出生不久即与母羊隔离，随即被屠宰。

在集约化养殖的农场里，兽医对动物的"护理"只是名义上的，这种委婉的说法掩盖的其实是残害：母鸡和雌火鸡要断喙，猪要阉割和剪尾（并且剪牙），牛要拔角。

兽医因剥削动物获得报酬，他们还对动物进行人工选择，以提高产量，结果就是动物畸形生长。奶牛因为乳房过大而跛足，比利时蓝牛过度肥胖，鸡长得太快以致无法站立，只能在自己的粪便里生活。所谓的兽医"护理"还包括：过量注射抗生素和生长激素，以掩饰动物被破坏的免疫系统，人工授精——因为虚弱的动物机体已经无法自然交配……兽医的工作根本不再是护理生病的动物，而是从经济的角度考量，在获取最大利润的前提下，需要动物活多久就让它活多久。

只有以这样的代价，才能维持一个多世纪以来人类对肉类消费的持续增长。今天，每年大约有600亿只陆生动物被屠宰（包括500亿只鸡），被屠宰的水生动物数量估计在5000亿到10000亿之间。这些水生动物大都来自工业捕捞，它们一条条密密实实地像蔬菜一样被塞在集装箱里，经过数小时的垂死挣扎，逐渐死于窒息。更有海洋哺乳动物，尤其是海豚，被渔网捕捞，同样死于窒息。水生动物也可能来自水产养殖业，它们密密麻麻地挤在水池里，接受人工饲养，被大量给药，以预防密集养殖可能引发的疾病蔓延。

陆生动物被屠宰场面惨不忍睹，法国动物保护组织L214①利用隐藏的摄像头所拍摄的视频揭露了屠宰场的黑幕，没有足够强大的心理承受力都不敢看那些视频。为了追求更大的利润。屠宰的速度很快，根本谈不上小心翼翼，更别说怜悯同情了。经过拥挤不堪的长途运输，动

---

① 法国动物保护组织，全称"L214伦理和动物"（L214 Éthique et animaux），成立于2008年，致力于改善动物福利，推动素食运动。——译注

那些冷血地宰杀羔羊，一点不为其哀鸣所动的人，似乎在准备着有一天也要杀人放血。

奥维德

（古罗马诗人，公元前43—公元17）

物们早已吓得不知所措（有时候已经受伤），随后又一个个被驱赶进死亡通道，惊恐地听着同伴们垂死的叫声，那些同伴就在十几米开外的地方被割喉（有些同伴甚至还处于有知觉状态），接着再接受电击或大脑穿孔。大约15%的动物割喉后还有知觉，而那些因为宗教原因而不致昏①的动物在被宰时知觉更强烈，在放血的过程中，它们要忍受极度的痛苦，经历长时间的挣扎，然后死去。如果一个屠宰场设立两条屠宰生产线——一条致昏动物再屠宰，另一条直接屠宰，这样的设置对于屠宰场而言显然过于麻烦，因此一般屠宰场都是直接屠宰。2011年提交给法国农业部的一份报告显示，40%的牛和60%的羊都被直接屠宰，而这种直接被屠宰的动物的实际需求还不到10%。本来只是例外的屠宰方式现在却在普及，消费者则从未被告知他们食用的肉类来自有知觉状态下被割喉的动物。

唉，恐怖并未就此结束。宗教屠宰（礼定屠宰或清真屠宰）一般规定每小时宰20头牛，也就是3分钟宰一头牛，然而为了利润，很多屠宰场的速度提高到每小时30头，甚至是40头。这样动物放血的时间只有不到2分钟，一些动物被送到分割车间时还是有知觉的，因此就会有如下令人胆战心惊的场面：动物被绑住后蹄悬空吊着，痛苦

① 使动物在被屠宰前的短时间内处于昏迷状态称为"致昏"。——译注

或者惊恐地放着血时，切割机已经开始运行，切割起来。至此，我们可以明白为什么屠宰场就像核电站或者军事重地一般，不允许人随意出入：因为无论是谁，只要看到这些残忍的场面，可能一辈子再也不想吃动物肉了，无论这动物是传统养殖还是工业养殖的，毕竟最后的结局都一样惨不忍睹。这正如 L214 组织的负责人所说——没有"快乐"的肉。他们的录像还揭露了很多反复虐待动物的行径：无故电击、踢打肚子等等。这些暴虐的行为也反映出一些屠宰工的精神状态和精神障碍。但是每天在流水线上屠宰数百头吓得半疯的动物，这样的人精神失常又有什么大惊小怪呢？这份工作是最不人道的行当之一。有些工人自身可能就有暴力倾向，但一个本来正常，有感情、有同情心的人在这种环境中逐渐变得残暴，也是自然而然的事，因为他们要日复一日面对血腥、痛苦和死亡。还有一种可能，就是通过虐待动物，通过物化动物，人类想要证明动物没有任何情感、没有任何尊严。在某种意义上，这也是为了消除自身的罪恶感。

作为一名动物之友，心理学家和动物行为学家鲍里斯·西瑞尼克（Boris Cyrulnik）[1]援引了一位年轻兽医的亲身经历。她名叫克里斯蒂亚娜·郝普特，曾在一家屠宰场实习，她说："有时候我会想，除了几个例外，在屠

---

[1] 鲍里斯·西瑞尼克，心理学家、心理咨询师，人类和动物行为学家，土伦大学教授，在欧洲领导着多个学术前沿的研究室，以心理创伤方面的研究享誉世界。——译注

宰场工作的人其实并非残酷无情，只是随着时间的推移，他们逐渐变得无动于衷，就像我一样。这是一种自我保护。确实，真正残酷的是天天迫使这种大规模屠宰发生的人，因为他们贪吃肉食，给动物带来灭顶之灾，还间接迫使其他人从事可耻的工作，使其变得粗鲁野蛮。我自己就这样逐渐沦为这个庞大的死亡机器中的一个小齿轮。"[1]

参与制度性虐杀动物（也为社会所接受）的人，他们使用的语言也往往体现出某种"疏离性"，因为只有这种"疏离性"才能让他们继续心安理得地虐杀动物。猪被称为"矿料"；因为下蛋少被制成调味汤块的母鸡、不再产崽的母猪会被"改良"（réformées）；未经麻醉直接割掉尾巴的小猪（割掉尾巴是为了避免他们在等死的狭小笼子里互相伤害）大声叫唤，被称作"疼痛反射"（nociception），即是由刺激所引发的生理反射，无关乎感觉上的疼痛；用于医学实验的动物，忍受各种痛苦的待遇，被称为"生物工具"（outils biologiques）……这些或委婉或新奇的词掩饰了事实真相，带给人类些许良心上的安慰。出于同样的目的，牛奶广告或者动物产品广告也总是呈现出农场动物幸福快乐的场景。可是"是什么让乐芝牛①笑得那么开心呢？"——这是《为动物辩

---

① 乐芝牛，全球知名奶酪品牌，法文名 La vâche qui rit，1921 年诞生于法国。——译注

护》的作者马修·理查德（Matthieu Ricard）[1] 提出的质疑。"是因为刚一出生，还未吃一口母乳的小牛被匆匆屠宰，还是它数年挤在牛棚里，然后被'改良'，最后同样被屠宰的命运？"[2] 人类掩盖了施于你们的痛苦，并设立了"遮影壁"，歪曲事实，以减少自身的罪恶感。

最初那些人并非恶魔，但是他们整日虐杀动物，其道德品性怎会不受影响呢？其实这个问题已经远远超越虐杀动物的范围。早在集中营里的犹太人遭受纳粹惨绝人寰的屠杀时，很多作者就提出了类似的疑问。纳粹屠杀者中不乏敏感，有文化、有教养的人，但是暴行何以成真呢？主要在于屠杀者已不把犹太人当成人来对待：纳粹意识形态蓄积起所有针对犹太人的偏见，异化了犹太人。所有人都对灭绝犹太人达成共识，任务明确分工，每个层级参与这一重大屠杀事件的人都只将自己看成是一个执行者，是群体中的一分子，这样个体的道德责任就消解了。这个道理同样可以解释对农场动物的大规模宰杀。从工业化养殖者整日接触密集养殖的动物，到屠宰场的屠夫在生产链上宰杀动物，其间还有兽医不用专业知识护理动物，而是协助维护这一庞大的生产系统。每个人之所以能够坦然工作，完全是因为他们不把你们当作"动物"，而是当作"物"来看待。

---

[1] 马修·理查德，1946 年生于法国，曾为巴黎巴斯德学院分子生物学博士，现在是藏传佛教僧侣，隐居喜马拉雅山山麓。——译注

养殖和屠宰分开进行、各项责任细化分解，掩盖了个体的人参与虐杀动物的真相。

伊丽莎白·德·丰特奈

（法国哲学家，生于1934年）

当然，屠杀犹太人和宰杀农场动物绝不能相提并论，人类的生命当然比动物要宝贵百倍，纳粹的目的（灭绝犹太人）与工业化养殖者和屠夫的目的（生产成本最低的肉）也完全不一样，农场动物的悲惨命运主要出于经济原因而非灭绝动物的信条。但是，从幸免于难的犹太人的经历中，我们可以看出这两种屠杀的相似点。

因此，诺贝尔文学奖得主艾萨克·巴什维斯·辛格（Issac Bashevis Singer）[1]提到"受难并被灭绝的"动物时，借助其小说人物之口说："对于这些生灵来说，所有人类都是纳粹；对于所有动物而言，这是永远的特雷布林卡[2]。"[3]艾萨克·巴什维斯·辛格的母亲和好几名家庭成员都是在波兰被杀害的，主要是在特雷布林卡灭绝营，而仅在该灭绝营被杀的犹太人就高达80万至90万。

① 艾萨克·巴什维斯·辛格（1904—1991），美国犹太作家，被称为20世纪"短篇小说大师"。——译注
② 纳粹德国修建的灭绝营之一，位于波兰东北部。——译注

难道你们只是动的『物』吗

亲爱的动物们，你们可能情不自禁要问了，各方面看来都很聪明的人类，为什么会有如此荒谬的想法：把你们动物当作"物"。其实只消花几个小时在你们身边看看，就能发现你们的聪明、你们的多情，你们忍受痛苦，你们享受快乐。这些，一个三岁的孩子接触到你们，立即就能感受，而为什么如此多思维缜密的成年人，比如哲学家、政治家、科学家和饲养员却会否认这一点呢？对理性的人类而言，这确实是个谜团，但是看看人类改造真理以适应自己欲望，或改变现实以符合自己需求的强大能力，就能明白其中的道理。动物低劣于人类这样的观点流传了几千年。最早出现在宗教言论中，出于人的宗教、神学的考虑，此种言论意欲在人类和动物之间勾勒出一条不可逾越的鸿沟。现代科学意识形态延续了这种思想，把你们当作实验材料。当代的消费主义意识形态依然继承了这种高低差别论，推动了动物食品的大规模消费。总之，我们人类通过贬低、物化你们动物，赋予了自己心安理得暴殄天物，尽享饕餮盛宴的权利。

正如美国作家马克·吐温所言:"人类是唯一会脸红的动物,或是唯一该脸红的动物。"[1]

以下我将会简要回顾一下我们人类征服你们动物的漫长历史,以及我们如何运用所谓"理性的解释",将自己的行为合理化的心路历程。

我们还是回到前面所讲的智人的胜出,也就是所有现代人的祖先的胜利。他们的生活方式发生了巨大的变化:由游牧的狩猎者、采集者变为定居的种植、养殖者,这一转变也影响了他们的神话、宗教思想。他们不再与大自然及动物对话,转而信仰并崇拜自然世界之上的神灵。他们还自称为"世界的主人",凌驾于所有其他生物之上。这样的宣言显然并非来自所有动物共同商讨切磋、普遍选举的结果。最优者也不是大家公选的结果!人类并未征询你们的意见,就一厢情愿地认为自己从本质上区别于你们,并远比你们优越得多。这样的理论是在新的宗教背景下形成的,和人类定居生活,第一次与大自然决裂相关联。这正是德国社会学家马克斯·韦伯(Max Weber)[①]所谓的"世界的去魅化":对于后新石器时代的人类而言,世界正在逐渐失去它"神秘的光环"。通过理

---

① 马克斯·韦伯(1864—1920),德国哲学家、法学家、政治经济学家、社会学家,他被公认是现代社会学和公共行政学最重要的创始人之一。——译注

性解释各种自然现象，大自然不再是一个生动、迷人的世界，不再是那位与我们脐带相连、哺育我们的母亲。相反它成了一个与我们泾渭分明、疏远隔离的存在，蕴含着可利用的物质、可获取的资源和可驯化的生物。

同时，人类也自认为是神创造了自己，自己乃是登峰造极之作。人类从此衍变为世上最重要的物种，因为只有人类可以与神交流。从人类将自己看作神在世间的代表，看作神完美无瑕的杰作，看作唯一与神形象相符的物种时，他们就合法地赋予自己主宰其他物种的权力。这一点在《创世记》中有明确的体现，与早期众多的多神论传统不同，《创世记》传达的是新生的一神论思想："上帝说，我们要按照我们的肖像，造我们这样形象的人，让他们统治海里的鱼、天空的鸟、地上的牲畜、大地上行走的各种动物。"神按照自己的形象创造了人，并区分了男女。神赐福于他们，对他们说："要生育繁衍，布满大地，征服大地；统治海里的鱼、天空的鸟和地上行走的各种动物。"[2]

新石器时代之后出现的各种古老宗教，无论是有神论还是无神论，无论是一神论还是多神论，它们都有一个共同点，那就是认为人类优越于动物，因为人拥有一种独特的智慧（或者冠以其他什么名目），这种智慧使人与神相似，或者赋予人的灵魂得救或解脱的前景，而其他动物是没有这样的优势的。一些动物保护主义者因此激烈抨击犹太教、基督教教义，认为它们应该对人类优越于动物的论调负责，并且极力赞扬一些亚洲的宗教，因为后者宣扬灵魂转世、灵魂不灭的观点。这种看法其实是一种误解。虽然佛教宣扬对众生慈悲的观念，但同时认为，只有人才能"开悟"。因此，动物虽然有"佛性"，但那只是一种潜能，若要达到涅槃，从生死轮回中解脱出来，就必须修得人身（一般是男人，而非女人），因为作为动物，它不具备涅槃的智力条件。印度教（鼓励素食）和耆那教（非常尊重动物并禁止杀戮动物）也一样，认为只有修得人身才能得到解脱。另外，即使佛教和印度教都相信灵魂转世重生，宣扬对动物慈悲和怜悯，但这种慈悲和怜悯在不同动物身上表现出很大的差异。

印度的一些动物受到膜拜，另一些则遭到歧视。其实只需随便到一个佛教国家旅游就能发现，那里动物的命运并不比别处好多少，甚至可能更糟糕。因为在那里，与西方一样，也是工业化养殖肆虐，宠物时不时还会遭虐待，极少受到保护。所以假如我来世转生为猫或狗，我肯定毫不犹豫地选择欧洲，而不是亚洲。

肉店或厨房里时时出现宰杀动物的场景，但确定无疑的是，这种令人作呕的行为，对我们而言并非恶行；相反，这种瘟疫般令人恐怖的行为被我们视为上帝降福——我们甚至还会祈祷并感谢上帝允许我们宰杀动物。

伏尔泰

（法国启蒙时代哲学家，1694—1778）

古希腊各大思想流派的圣贤也坚持人与动物有本质区别的观点。大部分思想流派，如柏拉图主义者、亚里士多德主义者、斯多葛主义者、新柏拉图主义者等，都认为人拥有神赋予的独特灵魂，因而其智慧也远在其他动物之上。斯多葛派在古希腊和古罗马有近千年影响，他们就认为，只有人拥有逻各斯，它源自神的逻各斯，是主宰宇宙万物的理性和规则。而动物无法拥有权利，因为正义以社会契约的相互性为前提，而只有人才能以其高级智慧达成契约。伊壁鸠鲁主义者虽然既不信神也不相信永恒的灵魂，但他们同样持此观点：对不参与法律者，人不履行义务。亚里士多德也主张整个自然都是听命于人的。他说："既然大自然不会无缘无故做出任何安排，那么毫无疑问，正是为了人类的福祉，才会有动物的福祉。"[3]

可以看出，《圣经》和古希腊绝大多数的思想流派都有一个深刻的共识：动物就是为了人的福祉而存在的，所以人可以利用动物，除不能虐待外，无须对其履行其他义务。不虐待动物并非因为这样做会给它们带来痛苦，而是会腐蚀人的心灵，这也是中世纪著名神学家托马斯·阿奎纳在其《神学大全》里重申的观点：我们无法出于仁慈去爱那些没有理性的创造物（因此我们可以利用或宰杀它们），但是也要避免无故的残暴行为，因为这样会诱发人与人之间的暴力行为。启蒙哲学家康德的观点与此一脉相承，他认为：既然动物没有理性，那它们只是证明目的合法的手段，所以把它们当作物品来买卖、利用和宰杀不是不道德的行为，但不能使用残暴的方式，以免导致人类道德的堕落（残暴是一种罪恶）。

因此，即使大部分古希腊和基督教思想都赋予人类对动物的绝对权力，但是它们均不否认，动物是有感情、怕痛苦的生灵。

然而到 17 世纪，法国哲学家和数学家笛卡尔却迈出很大的一步：他的著作把你们动物等同于机器，在灵魂和身体之间设定了严格的界限，并认为身体只是一种机械装置。鉴于动物没有敏感的灵魂，因此就像其他物一样，不会感知痛苦："动物只是普普通通的机械、自动装置，它们既不会享受快乐，也不会感觉痛苦，更不会有其他任何感觉。虽然我们用刀切割时它们会大声号叫，碰到烙铁时它们会使劲挣扎逃脱，但这并不意味着它们感受到了痛苦。支配它们的原理和支配钟表转动的原理是一致的。它们的行为之所以比钟表更丰富，那是因为钟表是人造的机器，而动物则是上帝造的更为复杂的机器。"[4] 应该明确的是，笛卡尔是一个坚定的天主教徒，身高体长并不重要，对所有生命的尊重才是研究者必备的品质，但凡生命都有欲望，要维生，充满爱。我们以为在研究物，其实却发现了它们的灵魂。

儒勒·米什莱

（法国历史学家，1798—1874）

读过很多圣奥古斯丁①的作品。圣奥古斯丁就认为，动物是不会痛苦的，因为按照《创世记》的说法，痛苦源于原罪，因此是人所特有的，也只有人类会感到痛苦。

亲爱的动物们，笛卡尔的观点虽然荒谬，仅凭我们人类对你们最起码的了解都足以将其驳倒，但他却为动物实验和工业化养殖者大开了方便之门。进行动物实验，就使我们人类心安理得折磨动物以谋取更大的利益——因为认为你们不会感觉痛苦。而工业化的养殖，则是将你们彻底物化。这就是人类智力的"高妙"，它善于将思维和抽象能力运用到极致，以否认显而易见的经验事实，即那些通过与动物直接、亲密的接触而感知的事实。

笛卡尔之后，我们也能听到哲学和宗教传统中不同的声音，他们拒绝贬低和奴役动物。然而必须承认，这些声音只是少数，也没能在我们的集体意识中形成不自主的强制观念，因为控制、剥削以及食用动物的企图远远超越其他考量。为达此目的，我们人类只想听到那些为人类自己行为辩护的言论，对反对的声音则充耳不闻。

---

① 圣奥古斯丁（354—430），古罗马帝国时期天主教思想家，欧洲中世纪基督教神学、教父哲学的重要代表人物。——译注

第四封信

我们人类与你们动物是如此不同吗

几千年来，由于观念的影响，且出于实用的目的，我们一直乐此不疲地标榜自己优于你们动物。无论是从认知还是感受，从意识还是道德，从工具还是文化，抑或是笑容，我们都在竭尽全力证明我们与你们从根本上是不同的。探寻"人类的独特性"也一直是宗教和哲学挥之不去的重大议题之一。但是，几个世纪以来，也有不和谐的反对之声，强调人与动物之间深层次的相似点。比如17世纪的寓言作家拉封丹，他从人与动物极端相似的民间智慧中获得灵感，用动物讽喻人类；而16世纪的作家蒙田也曾经提醒人类："两个人之间的差别比一个人和一只动物之间的差别更大。"[1]他认为，人有愚蠢的，动物也有愚蠢的；人有聪明的，动物也有聪明的；人有狡猾的，动物也有狡猾的；人有虚荣的，动物也有虚荣的；人有温驯的，动物也有温驯的；人有凶狠的，动物也有凶狠的；等等。蒙田在《随笔集》第二卷里，花了整整一章的篇幅谈论过你们动物，以自己的亲身经历和古希腊作家的见闻为证据，证明了你们的聪明才智、所感所知以及喜怒哀乐和人类何其相似。他还不无讽刺地指出：人类自命不凡，凌驾于其他动物之上，总是以人类的视角去理解一切，甚至从未想过动物也可能这样理论："为什么一只鸟就不可以说，宇宙中的一切都注视着我，大地供我行走，太阳给我照明，星星为我存在。清风、流水、天穹，哪个不青睐我？我是大自然的宠儿，难道人类不也是对我殷勤以待，给我栖身之所，为我忙忙碌碌？正是为了我们，他们才去播种和收获。"[2]

蒙田的上述论述指出很重要的一点：人类总是从自身的逻辑和思维方式出发，去理解动物。然而，要想真正理解你们，则应该设身处地，运用你们的思维方式才行。可惜只是最近——大概几十年的时间——人类才开始真正研究你们的视角，这就是动物行为学，一个专门研究动物（包括人类）各种行为的学科。正是这个学科才彻底改变了人类观察动物的视角，恰如鲍里斯·西瑞尼克所言："研究者们越来越多地关注动物的视角，这将会给我们的探索开启新的大门，重新探索动物与世界的关系，重新定义动物，重新确立人与动物之间的关系；这样的新视角甚至还会迫使我们采用全新的思维方法，创造出新的更加灵活的实验方法。"[3] 问题的关键就在这里：如果说长久以来，研究者们对动物们进行包括智力测试在内的各种实验，而动物表现的结果却不尽如人意，完全就是因为我们在根据人类的思维方式而非动物的思维方式来制定测试标准。科技哲学家婉霞·德普雷①（Vinciane Despret）注意到这一点："正是因为我们循序渐进地问了动物们聪明的问题，它们的答案才变得恰当。"量子物理学先驱之一、"不确定性原理之父"维尔纳·海森堡也指出："我们观察到的大自然并不是自然本身，而是显露在我们研究方法之下的自然。"[4]我们以何种方式、运用什么方法研究动物行为，以及我们是否对受试的动物抱有同理心等等，所有这些因素都会影响我们的研究结果。著作等身的荷兰动物行为学家弗兰斯·德瓦尔（Frans de Waal）②写道："人类面临的挑战在于设计出适合动物性情、兴趣、身体构造和感官能力的测试。"[5]现代动物行为学先驱康拉德·劳伦兹（Konrad Lorenz）③也同样认为，如果对动物缺乏建立在爱与尊重基础上的直觉理解，我们将无法对它们进行卓有成效的研究。终于有人点到了要害！

其实早在19世纪末，伟大的进化论创始人查尔斯·达尔文在其著作《人和动物的情感表达》中，已经尝试证

---

① 婉霞·德普雷，生于1959年，比利时科学哲学家。——译注

② 弗兰斯·德瓦尔，生于1948年，荷兰灵长类动物学家和动物行为学家。——译注

③ 康拉德·劳伦兹（1903—1989），著名奥地利鸟类学家、动物学家及动物心理学家，也是经典比较行为研究的代表人物。——译注

明动物也拥有丰富的情感生活，尽管此前这一点完全为笛卡尔代表的理性主义者否定。从那时起，在野生及家养动物身上完成的数以千计的实验，都证明了动物具有丰富的情感，它们能够感知恐惧、愤怒、悲伤、喜悦、爱情、友谊、欲望、快乐、厌恶、气恼、依恋，当然还有肉体和精神上的痛苦。

有关动物智力的研究更加复杂，因为我们向来总是以自己的标准来衡量它们。只是近三十年来，这方面的研究不断增加，才揭示出动物们拥有的各种各样的智慧。研究表明，包括猿类、犬类、海豚、鸟类、老鼠、章鱼等在内的很多物种都拥有出色的认知能力，能够进行演绎推理，具备预判能力和非凡的视觉记忆力。就连向来为人所不齿的猪，都拥有健全的感情生活和社会生活。宾夕法尼亚大学的两位研究员斯坦利·柯蒂斯和茱莉·莫洛还发现，猪的认知能力堪比犬类和猿类，两位研究员还教会猪使用电脑来改善它们的生活！在玩电子游戏时，它们的反应比狗和黑猩猩更快，这说明它们具有惊人的抽象思维能力。

长久以来，我们认定，使用和制造工具是人类的特性，当看到被关在笼子里的猴子使用工具时，我们也认定它可以说，两个人之间的差别比一个人和一只动物之间的差别更大。因为我觉得动物和动物之间在缜密、理性和记忆力方面的差别，不像人和人的差别那样大。

蒙田

（法国思想家，1533—1592）

们不过是在模仿人类。但是随着灵长目动物学家珍妮·古道尔（Jane Goodall）①的努力，这些断言逐渐无法立足。她的研究表明：在自然环境里，猩猩们不但经常就地取材充当工具使用（例如用石头砸开坚果），它们还会自己制造工具（将几件物品组装起来以满足具体需求）。她因此得出结论：每个族群的黑猩猩使用的工具数，都在十五至二十五个之间，有些工具还非常的精巧。

2007年，有一只年轻雄性黑猩猩，叫阿尤穆（Ayumu），被训练使用带有数字键盘的屏幕，在视觉记忆比赛中，它打败了所有和它较量的人类选手。一些数字在屏幕上短暂出现（五分之一秒），最为训练有素的人类选手至多能记住五个，而阿尤穆却能记住九个，并能全部用键盘打出来，令实验人员大为吃惊。我们还可以列举更多的例子，证明各种各样的动物具有发达的认知能力：章鱼能完成令人吃惊的事情，比如打开带有儿童保护装置的药箱（打开这种药箱需要同时按下并旋动旋钮）；鸽子则能区分大师的画作，通过辨别毕加索和莫奈的不同风格，正确地识别出他们各自的作品……

我们也一直认为，只有人类才会识别不同的面孔，形成自我意识和他者意识，但是很多实验都推翻了这一刻板印象。目前研究发现，其实很多物种都能识别自己

① 珍妮·古道尔，生于1934年，世界上拥有极高声誉的英国灵长目动物学家，致力于野生动物的研究和保护。——译注

族群内不同个体的面孔。不仅猴子可以，乌鸦、绵羊，甚至胡蜂都可以！而通过自我面孔识别形成的自我意识，也可以通过镜子实验来证明。1970 年，美国心理学家戈登·盖洛普（Gordon Gallup）[①] 在一只麻醉后入睡的猩猩脸上做了个标记，只有它醒来照镜子才能发现这个标记。结果这只猩猩醒来后，一看到镜子中的自己，就用前肢去擦脸上的标记。随后，这个实验又在其他动物身上成功进行，比如大象，它看见一侧脸上的涂料标记后，就不停地用长鼻子去触碰那块标记，而对于另一侧脸上的标记，因其不在视线范围内，它就毫不理会。另外，科学家也在其他具有自我意识和他者意识的物种身上发现，它们就像人类一样，非常善于弄虚作假、谋划算计、玩弄花招以达到自己的目的。对海豚的实验还发现，每只海豚都有自己的名字，群组成员之间是以"名字"相互称呼的，只是它们的名字是以一种特殊的叫声表现出来的，我们称之为"哨叫声"。

因为你们动物和我们人类没有共同的语言，所以这让我们很难进入你们的内心世界、认知世界和情感世界。当然反过来，你们动物也一样：有时候我们人类对你们而言，显得多么高深莫测啊！为了克服这个障碍，有些

---

① 戈登·盖洛普，生于1941 年，美国奥尔巴尼大学心理学家，研究生物心理学。——译注

研究人员想出教授你们手语的办法。其结果令人瞠目结舌：猩猩很容易就能学会手语，然后和教自己的人交流感情和思想。动物行为学家弗朗辛·佩特森（Francine Patterson）[1]讲过一只年幼的孤儿大猩猩的故事，它被从非洲带回来，跟弗朗辛学习手语。有一天，大猩猩看起来异常伤心，佩特森问它原因，结果它用表示"妈妈被杀"、"森林"和"狩猎者"的三个手势做出回答。事实上，它是用三个手势讲了自己的故事。另一些动物行为学家试图测试鹦鹉的情感和认知能力，想看看除了机械重复听到的词句，鹦鹉是否也能和人类交流。其结果同样令人吃惊：一些鹦鹉能够区分不同的物品，知道其不同用途，并能够辨别不同物品的尺寸、颜色和形状，它们同样能够表达感情和感觉。

人类还怀疑你们是否具有道德感和利他性，认为这是人特有的属性，而事实完全出乎想象。针对猩猩做的大量研究表明，它们对同伴遭遇的痛苦感同身受，并试图缓解同伴的痛苦，以至会牺牲自我。一些黑猩猩自己不会游泳，却跳入水中想要救出落水的亲人。更常见的是，雌性黑猩猩会帮助另外一只因年老而无法行动的雌性黑猩猩打水喝。曾有一个著名的实验，将黑猩猩置于一种两难处境：只要它吃一口食物，它的一个同伴就得遭受

---

[1] 弗朗辛·佩特森，生于 1947 年，美国动物心理学家。——译注

一下电击。当吃食物的黑猩猩发现了这两者之间的关联后，大多数都宁可饿死，也不想因为自己而让同伴遭罪。而人类中又有几个能做到这一点呢？弗兰斯·德瓦尔在作品《倭猩猩与无神论者》（*Le Bonobo, Dieu et nous*）中列举了无数例子，来证明猩猩们与生俱来的道德感。除此之外，猩猩们还有着很强的正义感，当它们觉得自身受到不公正待遇时会表达不满情绪。

很多人不了解你们动物，怀疑你们是否会对同类之外的个体抱有同理心或同情心。关于这一点，只需观察一下那些生活在一起的不同种类的动物，就能发现这种怀疑毫无意义。诚然，猫狗在一起会争斗打架，但是它们也会互相帮助，相互表现出温情和同情，这样的场面我在家里见过很多次。一天，那只叫沙芒的猫做完手术回到家，虚弱不堪，古斯塔夫——一只大型莱昂贝格混血犬长时间地舔舐它，向它表达自己的同情，似乎被沙芒的虚弱触动。网上也流传着很多视频，显示了不同种类的动物之间的互救行为：一只猫在川流不息的车流中吓傻了，一只狗则冒着生命危险穿过马路去救它；另一只猫曾去救一只掉进深谷的小狗；三只成年熊、狮子和老虎之间也有过这样的默契和温情，它们很小的时候在走私犯的地窖里被发现，当时处境极为悲惨，后来被一起饲养长大。后来人们试图将它们分开安置，结果它们都拒绝进食。于是人们让它们再次团聚在一起，从此再没分开过，它们之间表现出了能经受住一切考验的友情和凝聚力。我在观看弗朗辛·佩特森拍摄的视频时极为感动（网上可以看到），视频中的可可是一只雌性大猩猩，出生在美国旧金山动物园，它和一只小母猫建立了深厚的友情，总是喜欢爱抚这只小猫。可是有一天，小猫咪被一辆汽车轧死了，可可得知这一消息后，用手语比画出了"痛苦""不同意""不幸""哭"等来表达悲恸之情，随后为死去的小猫大叫了很久，这是它"哭泣"的独特方式。

对于动物是否会产生友情，人类经常持保留意见。因为友情被看成是一种高级情感，所以过去人类一直否认动物具有这种情感。但是大量的研究表明，动物之间的确存在友情——一些科学家研究了牛群中奶牛之间的友情和社会关系，以改善它们的舒适度，同时，也能间接提高牛奶产量，因为牛奶产量取决于奶牛的情绪状态。奶牛是一种社会性动物，牛群是一个结构严整的群体，牛群中加入或减少成员都会明显改变其组织结构。一位年轻的研究员通过测量奶牛的心率和皮质醇水平，证明有同伴陪伴的奶牛情绪更放松。

正是因为我们循序渐进地问了动物们聪明的问题，它们的答案才变得恰当。

婉霞·德普雷

（比利时科学哲学家，生于1959年）

有人会说，在大自然中，不同动物之间的共情或同情的现象是不存在的。这种现象确实少见，但网上流传的大量视频却不断表现出动物间互帮互助的非凡行为。比如，一只母狮养育了一只小羚羊；再比如一个更令人震惊的视频，一只河马赶来救一只被鳄鱼袭击的黑斑羚羊，在赶走袭击者之后，河马还将受伤严重的黑斑羚羊带出鳄鱼的袭击范围，然后张开大嘴，用自己的气息来保护奄奄一息的羚羊。这些画面显示出动物深厚的同情心，第一次观看的时候把我感动得热泪盈眶。

在"人类的独特性"中，文化是最后几个被摧毁的堡垒之一。以前人们认为，人类是唯一能造就文化的物种，也就是说，将个体的创新传播给群体中的其他成员，后者纷纷效仿，从而形成文化；而你们动物的一切能力都被认为是基因决定的。但是，动物行为学家的观察却首先证明，猩猩们拥有自己的专属文化。20世纪60年代，日本灵长目动物学家在幸岛观察到一只年轻的名为依莫的雌性猕猴，完成了一个闻所未闻的举动——洗红薯。最初，它的同伴们看着还感到新奇，后来就纷纷效仿，以至到最后，洗红薯成了岛上所有猴子的习惯。珍妮·古道尔曾经观察到非洲的黑猩猩发明了新的技术，并将它传授给族群里的其他个体，其他猩猩掌握了这个技术以后，接着又传给自己的子孙们。后来还在其他各种各样的物种中发现了同类文化相传现象，比如熊、狼、小嘴乌鸦和鲸。

还是珍妮·古道尔，这位令人钦佩不已的灵长目动物学家，曾经去赞比亚与黑猩猩们长期生活在一起，研究它们在自然中的行为。她的观察彻底颠覆了我们对动物行为的认知。以前我们相信人类的独特之处还在于会发动战争，也就是说，人类会杀害自己的同类，而你们动物只会杀害异类。但是，从 1974 至 1978 年，珍妮·古道尔却亲眼看见了一场真正的黑猩猩战争，即"贡贝战争"，那是两个黑猩猩族群之间的战争，一个族群叫卡萨克拉，另一个叫卡哈马。战争进行到最后，前一个族群的雄性黑猩猩被后一个族群的雄性黑猩猩全部杀死。

基因上和人类最为接近的动物，行为上也和人类最为接近，这并非偶然。也是在这一点上，人类和动物的两个世界交会了。动物有时候做得比人类好，有时候跟人类一样糟糕。

第五封信

我们人类的特点

几十年来的观察研究让我们人类明白，你们动物与我们彼此相邻，长久以来的很多想象实属恶意。现在我们很笃定，你们跟人类一样，有情感生活，有憧憬、有恐惧，有欲望、有嫌恶，有多样的智力，有记忆，甚至有规划未来的能力。你们可能会有自我意识、他者意识，有对他者的同理心或同情心，有正义感，有各种形式的文化。那么是不是说，人类和你们之间因为上述的林林总总而完全相同，没有任何差异呢？

人和动物截然不同的思想，自古有之。现在那些支持"动物解放"的群体更倾向于相信：人类和其他动物之间根本不存在任何差异。这样，我们人类就从一个极端转向了另一个极端，在我看来，也是从一种意识形态转向另一种意识形态。因为，如果我们严肃认真观察的话，就会发现，在某些方面，人类和其他所有动物之间是有着深刻差别的。但是千万别把这些差别称为"人类的独特性"，这个说法已经被哲学和宗教传统赋予特殊的内涵，即人类统治和利用其他动物是合法的。

我们就暂且称之为"人类的特点"吧，要承认每个物种都有自己独有的、不可复制的特点。换句话说，不要在人类和其他动物的对立中发现其独特性，而是寻找每个物种（包括人类）自身的特点。在这样的非意识形态视角下，我们会发现，有些物种确实具有一些与众不同的特点。比如章鱼，它们的大脑神经网络，一直分布到八个触手中，这是非常独特的。再比如大象，能预知雷雨，因为它们有感知次声波的超强能力。

一些动物的超感知能力，也是你们远远超过我们人类的维度，就此，剑桥大学自然科学博士、加州思维科学研究所研究员、科学家鲁珀特·谢尔德雷克（Rupert Sheldrake），写过一本著作，名叫《无法解释的动物能力》[1]，具有很大的参考价值。作者以两千名动物主人或驯兽者的亲身经历为基础，研究了一些动物特有的感知行为，而这些行为尚不能为现在的科学所解释。他研究了主人和宠物之间的心灵感应（比如动物能够提前感知主人回家）。我曾在诺曼底有一座房子，一个月不定期地回去两三次。我养的猫"布什金"不喜欢从巴黎到诺曼底这样长途奔波，时常要留在诺曼底的房子，我不在的时候，它就跑到邻居家里去了。但我每次开车回诺曼底，都会看到它在门口等我。邻居也对我说，只要看见"布什金"跑出来蹲在我家大门口，十到十五分钟后必定看见我的车从远处开来，但我从未提前告诉过她我会回来。正是由于某种神秘的心灵感应，我的猫能预知我何时返回。还有一些人和动物能够通过心灵感应来交流的例子，一些饲养员就借助这种心灵感应来治疗情绪萎靡不振的动物，试图了解它们生病的原因。鲁珀特·谢尔德雷克还研究了候鸟超常的方向感，比如欧洲的燕子飞越数千公里的旅程之后，仍然能找到原来的窝；比如一些动物所具有的准确的预测能力，它们能预测到即将到来的地震、海啸，甚至包括主人即将发作的癫痫。一些亲历2005年亚洲斯里兰卡和泰国海啸的幸存者，都证实了灾难来临之前动物躁动和逃跑的现象，尤其是大象，它们在海啸来临之前都逃往高地去了。所有这些天赋和能力都为我们人类所不及。但是不能因为你们拥有这些超常的感知能力，我们就认定你们是进化最完善的物种，也不能因为候鸟拥有最佳的大脑内置全球定位系统，我们就认定它们是世界的主人！我们只能说每个物种都有自己与众不同的能力，因此而区别于其他物种，甚至有时候在某些方面远远超过其他物种。

只有本着这样的心态，我们才能理性地探讨人类的"特点"或若干关于"特点"的问题。我们有哪些特点是塑造人类的泥土并非更加珍贵。造物主用同一块犹如面团的土造出了世间万物，只是酵母稍有不同。

朱利安·拉梅特里

（法国医生、哲学家，1709—1751）

你们动物没有的呢？虽然大部分的动物行为学家对人类所谓的"独特性"嗤之以鼻，但都认为语言确实是人类的"特点"。就这个问题，弗兰斯·德瓦尔写了一本书，书名意味深长：《我们人类是不是过于蠢笨而不能了解动物的智慧？》。我在写作上一章时受到这本书的极大启发，在此引用如下："我并不是经常作出这种声明的人，但还是认为我们是唯一拥有语言的物种。诚实地讲，除了我们，再没有哪个物种拥有像语言这样丰富多彩、功能多样的表征性交流手段了。这可能是我们取之不尽的源泉，也是我们极富天赋的一面。其他物种完全可以交流它们的内心过程、情感和意图，借助于非语言的信号协调行动或计划，但它们的交流既不是表征性的，也不像语言那般具有无限伸缩性。……就我而言，我觉得语言最大也是最重要的优势就是传递信息，这种信息是超越此时此地的。"[2]鲍里斯·西瑞尼克也发表过类似的见解，在回答卡丽娜·卢·马蒂尼翁（Karine Lou Matignon）[①]是否可以将动物看作人的问题时，鲍里斯·西瑞尼克是这样回答的："我不会说将动物看作人，而是说将动物看作个体。因为只有作为话语的主体，才能被称为人。而动物作为个体，这是不容置疑的。它们拥有不同的天性和发展、个性化的互动，动物有自己的情感，但是要拥有自己的

---

① 卡丽娜·卢·马蒂尼翁，生于1965年，法国记者、作家、编剧。——译注

历史，则需要表征图像和词语。"当然，在这个问题上还存在争议，一些科学家，尤其是一些美国科学家，他们认为类似猩猩的动物，能通过手语讲述自己的历史，应该被看作非人形的人。

在我看来，以我们现在对人类的了解，除了语言这一特点外，还有以下三个特点。首先是我前面提到过的神话和宗教特点，这一特点是和语言紧密相连的，因为只有语言才能表达神话和宗教性。其次也需要强调一下人类想象力的特殊性，人类善于创造神话，相信不可见的事实，并从这些信仰出发构建自己的存在。而在动物社会，却从未发现任何类似的迹象。动物文化可以传承技术和知识，使生存变得容易一些，但绝不会传承信仰和象征性的仪式，以缓解生存的焦虑或赋予生命以意义，因为后者的传承须得借助于对抽象事物的信仰。诚然，大象和一些猩猩会为死去的同伴流泪，甚至有时候会进行一些类似葬礼的仪式，但是这并非出于对死后生活的信仰。人类则相反，我们史前远祖举行的葬礼及埋葬死者的仪式，恰恰证明他们相信死后的生命——例如把尸体摆成胎儿在母体中的造型，或者使尸体朝向太阳升起的方向，把狩猎用的武器或者食物摆放在尸体旁边，等等。

正如我在前面提到的，古代大部分宗教和哲学传统动物的智慧并非进化不充分的人类智慧，它是不同于人类智慧的智慧。

多米尼克·莱斯泰尔
（法国哲学家，生于1961年）

认为，人类的神话和宗教特点与人的精神相关，因为人类精神具有"神"性并且独一无二。在此，我并不想过多争论这一点，因为这种说法是建立在无法查证的信仰之上的。认为只有人类精神具有神话和宗教特点，这是一回事；认为人类精神的神话和宗教特点不是自然进化的结果，是出自某种神启而产生的质的飞跃，这又是另一回事。这是宗教信徒们的观点，宗教信仰也如出一辙。但是大多数宗教流派和人类智者都认为，人类具有独一无二的精神世界，可以到达解脱、悟道、成仙的境界。

其次，我们可以观察到，人类是唯一能够形成普世伦理责任的物种。其他动物会遵守族群内部的规则，不逾越某些界线，对族内其他成员表现出同理心，但是它们能想出或建立起一个全体生物群体共同遵守的道德规范，并对其他动物给予保护或赋予权利吗？那些出于伦理原因拒绝吃肉的都是人类成员，从来没有见过哪个肉食动物或杂食动物改吃素食的。因此虽然人类有能力控制和剥削动物，但是他也有能力单方面、不求回报地颁布保护动物的法律。这种对其他生物以及对整个地球的责任感，很可能源于人类的抽象认知能力，在我看来，这也是人类的特点之一，同时是最为紧要和最为必备的特点。

最后，我们还应看到人类的一个特点，那就是无止境的欲望。你们动物也有欲望，但是仅限于你们的基本需求：进食，繁衍后代，与自己归属或领导的族群成员相联系，在自身生活的自然环境中寻找对你们有用的东西，诸如此类。但是人类却不是这样，他们的欲望不管好与坏，总是永无止境的。一个黑猩猩的控制欲仅限于自己的族群或相邻的族群，而人类的征服欲则延伸到了整个地球，如果可以的话，甚至会延伸到整个宇宙。拿破仑和希特勒对于扩大实力和征服世界的无穷欲望，就是典型范例。我们人类对物质追求的欲望也是一样的：我们的贪婪毫无限度，即使一个亿万富翁，也仍然在渴望着自己尚未拥有的东西。古希腊人所谓的"hubris"，即过度，就是人类的特点。但是当这个特点指向非物质的知识时，它也有积极的一面，正是因为人类有无穷的好奇心，有对知识的无尽渴望，他才会投身于对无限大和无限小的科学知识的探索中，也会去从事同样令人激动的自我反省和自我认识方面的研究。

总体来讲，这些不同的特点，一丝一毫也没有使我们人类比你们动物更高级。它们只是使我们和你们区别开来，并在这些方面赋予人类特别的优势或劣势。其他那些拥有自身特点，并区别于其他动物的你们的同类也是一样的。因此，海豚虽然拥有独一无二的声呐系统，能够在水下相当远的距离外探测到移动的物体或生物，但是海豚并不因此更高级。而猎豹，虽然是陆地上跑得最快的动物，比跑得最快的人还快三倍，但这种优势并不能赋予猎豹"最佳创造物"的称号。人类也一样，并不能因为我们的特点（比如语言或抽象思想）赋予我们的某些优势，就可以自认为是大自然中"独一无二"的、优越于其他动物的物种。当然也并不是因为我们方方面面都一样，而是因为我们人类具有独特的对所有动物的潜在的责任感，才会行动起来保护你们动物，免受人类的捕食和暴行。

我们人类从利用到保护你们动物

前面的信中，我提及一些主要的哲学和宗教流派，他们为人类征服、剥削你们动物的欲望辩护，还否定了人类对动物负有道德义务。接下来，如果绝口不提一些与此相对的观点，就会显得很不公平，这些声音虽然在数量上不占优势，但奋起反击了人类对动物的贬低和盘剥。传统上，印度教和佛教即使都主张人类精神上的优越性，但是也谴责施加于你们身上的暴力，并且出于伦理原因而非道德义务鼓励素食。编成于 20 世纪初的印度史诗巨著《摩诃婆罗多》(*Mahāb hārata*)① 就宣称："动物的肉就如我们自己孩子的肉身……这些健康又无辜的生命天生就热爱生活，这难道还须赘言？"佛教传统也一直鼓励对所有生灵的善意和同情，正如印度 8 世纪的佛教大师寂天所言："天地常在，生灵常在，那我也可以常在，来消除世间的痛苦吗？"

古希腊、古罗马世界，也有一些边缘但非常强烈的反对声音，谴责对动物的暴力。比

① 《摩诃婆罗多》公认的形成年代始于约公元前 400 年，以口传和手抄本形式流传于南亚和东南亚多地。19 世纪始有印刷本，20 世纪初英译全本启动，1966 年印度出版梵文的精校本。作者此处指的是英译本成书时间。

如毕达哥拉斯（Pythagore）[1]，古希腊哲学的创始人之一，也是西方第一个著名的纯素食主义者：他不仅谴责用动物进行宗教祭祀，拒绝食肉，还拒绝穿动物皮毛做的衣服。他对动物的态度很有可能与他信奉灵魂转世的观点有关，这种观点认为灵魂不朽，并会在不同的生灵之间轮回转世。据说，有一天，他对一个虐待自己的狗的人说："住手，别打了。因为这是我逝去的朋友的灵魂，我从它的声音里就能听出来。"恩培多克勒（Empédocle）[2]具有同样的信仰，也主张素食。提奥弗拉斯托（Theophrastur, Théophraste）[3]，亚里士多德的学生，吕克昂学园[4]的继任者，就持有和老师不同的观点。亚里士多德认为人和动物完全不同，而提奥弗拉斯托则认为生物彼此联系，因此在伦理上也倡导素食主义。同为素食者的普鲁塔克（Plutarque）[5]，在公元1世纪写下几部力作，倡导覆盖一切拥有感性灵魂的生物的伦理学，哪怕动物的灵魂没有理性可言。在其作品《肉类使用》（*Sur l'usage des viandes*）中，他写道："我们对一些动物的漂亮色彩熟视无睹，对一些动物悦耳和谐的鸣唱充耳不闻，亦对其简

---

① 毕达哥拉斯（约公元前580—约前500），古希腊数学家、哲学家。——译注

② 恩培多克勒（约公元前495—约前435），古希腊哲学家、思想家、科学家、政治家。——译注

③ 提奥弗拉斯托（公元前372—前286），古希腊哲学家、科学家。——译注

④ 亚里士多德于公元前335年仿效他的老师柏拉图所办的学园，在雅典创办哲学学园吕克昂，又称逍遥派学园。——译注

⑤ 普鲁塔克（公元46—120），罗马帝国时代的希腊作家、哲学家、史学家，代表作有《希腊罗马名人传》。——译注

单朴实的生活以及机灵聪明的行为无动于衷；出于残忍的欲望，我们宰杀这些不幸的动物，使它们不见天日，夺走造物主赋予它们的短暂生命。难道我们真的觉得它们发出的只是一些含糊的声音，而不是哀求或者正当的反抗之声？"这些看法正好呼应了古罗马诗人奥维德[①]的观点，他与耶稣同时代，曾在其作品《变形记》中写道："那些冷血地宰杀羔羊，一点不为其哀鸣所动的人，似乎在准备着有一天也要杀人放血。"

我们可以看到，基督教传统是不重视动物的。在那些罕有的另类声音中，我们引用一下13世纪阿西西的圣方济各（François d'Assise）[②]的例子，他要求自己的追随者"敬重所有的生灵"。据说他对鸟布道，驯服威胁古比奥居民安危的狼，将别人给他的活鱼放回到水里。虽然没有证据显示他是素食者，但他对所有"受造物"的爱使他成为基督教世界动物保护的倡导者。无怪乎，现任罗马教皇方济各为纪念这位圣人而发表通谕"愿上主受赞颂"，专门讨论生态问题。教皇在通谕中主张尊重动物，他认为："心灵都是一样的，驱动我们虐待动物的苦难很快也会在我们和他人的关系中表现出来。"他回顾说，在教皇让－保罗二世（Jean-Paul II）——同样关注动物保护问题——任职期间的教理课上，他曾明确声明："徒然

---

① 奥维德（公元前43—公元17），古罗马诗人。——译注

② 圣方济各（1182—1226），天主教方济各会和方济女修会的创始人。——译注

地折磨动物、糟蹋其生命是与人类的尊严相左的。"犹太教和伊斯兰教虽然都施行不致昏动物的礼定屠宰或清真屠宰，以便排净动物血液，但几个世纪以来，也有一些质疑的声音出现。如 20 世纪初，巴勒斯坦第一任阿什肯纳兹大拉比库克（Abraham Isaac Kook）[1] 就坚定地谴责屠宰，并命令那些不愿违背清真屠宰的信徒，尽量避免食肉。在一则著名的圣训中，先知穆罕默德也说过："哪怕无故杀死一只麻雀，也会在审判日受到阿拉的质询。"好几位伟大的穆斯林圣徒因此都主张素食，比如 8 世纪的伊拉克神秘主义者、苏菲派创始人阿达维亚的拉比雅（Rabia al-Adawiyya）[2]。

随着文艺复兴的开始，西方哲学从基督教神学中逐渐解放出来，新的保护动物的声音不断发出，蒙田就是其中一位。但是笛卡尔的理性主义影响了更多的现代思想家。18 世纪，伏尔泰和卢梭是少有的几位思想家，猛烈抨击把动物看作机器这种思潮。在《哲学词典》中，伏尔泰在"牲畜"词条里写道："野蛮人抓住这只狗，这只狗在忠诚方面却远超过人类；人类把它绑在桌子上，活生生解剖了它……难道它就麻木不仁吗？不要认为自然中会有这样的矛盾。"对动物的暴行会引发对人类的暴行，这种古老的思想为不少思想家或诗人所提及，英国

---

① 库克（1865—1935），犹太学者、哲学家。生于拉脱维亚。——译注
② 拉比雅·巴斯礼（714/717/718—801），苏菲派女圣人、诗人。——译注

人之所以不应该伤害自己的同类，并非因为他们有理智，而是因为他们有情感。这种品质于人、于动物都是共通的，因此前者无权故意虐待后者。

让-雅克·卢梭
（启蒙时代哲学家，1712—1778）

画家威廉·霍格斯（William Hogarth）[1] 也在其著名版画《残暴四部曲》（作于 1751 年）中表达了这一思想。画家通过四幅版画表现了一个人残暴的一生。在第一幅画中，孩童时期的他在折磨一只狗。在第二幅中，成了马车夫的他，正粗暴对待摔倒在地的马。在第三幅中，他因为杀害自己的爱人而被逮捕。最后一幅中，一只狗正在吞食他的心脏。

一个世纪以后，德国哲学家亚瑟·叔本华[2] 表示他深深为这组画所震动，他的思想就建立在鼓舞人类和动物的共同的"生存渴望"这一概念之上，并要求尊重所有有感情的生物。不管是动物还是人类本身遭受痛苦，就会引发我们的怜悯，仅凭这一点我们不得不肃然起敬。在叔本华看来，是痛苦而非理性，决定道德的真正标准。他反对康德和洛克的观点，认为"人类是地球上的魔鬼，而动物则是受难的灵魂"，主张不应剥夺动物该享有的道德权利。相反，爱护动物才是道德的："没有边界的无限的同情能将我们和其他生物联系起来，这是对道德最确定的坚守。"

人不能虐待动物，不是因为理性，而是因为情感，这种观点在卢梭的作品中已经显露。在 18 世纪的盎格

---

[1] 威廉·霍格斯（1697—1764），英国著名版画家、讽刺画家和欧洲连环漫画的先驱。——译注

[2] 亚瑟·叔本华（1788—1860），德国著名的非理性主义哲学家，代表作《作为意志和表象的世界》——译注

鲁-撒克逊学家杰里米·边沁（Jeremy Bentham）[①]和他的功利主义哲学学派那里，这一思想得到了极大发展，该学派根据一个人的行为后果来评判一个人的行为道德：该行为会带来福祉还是痛苦？具体到动物和人类对动物的态度问题上，边沁认为："问题不在于它们是否有理性、它们是否会说话，而在于它们会不会感到痛苦？"

19世纪的英国首先（1824年起）诞生并发展起致力于保护动物的协会，随后蔓延至欧洲其他国家，一系列的立法手段随之确立起来，用以打击针对牲畜的虐待和暴行。法国的动物保护协会成立于1845年，并于1850年投票通过了旨在使动物免遭虐待的《格拉蒙法案》（*loi Grammont*）[②]。

大部分投身保护动物的思想家和活动家同时也投入以下的斗争中——主张取消奴隶制、宣扬妇女解放、支持工人工作生活条件改善——这可能并非巧合。在《道德与立法原理导论》（*The Principles of Morals and Legislation*，1789年）一书中，边沁把对动物的奴役与奴隶制相提并论并加以谴责：偏见使我们认为，由于生理或肤色差异，某些物种或人种劣于其他物种或人种，所以，优胜劣汰，前者应该被

---

① 杰里米·边沁（1748—1832），英国的法理学家、功利主义哲学家、经济学家和社会改革分子。——译注

② 雅克·戴乐玛·德·格拉蒙（1796—1862），法国拿破仑三世时期的议员，于1850年7月2日促使议会通过动物保护法案，即《格拉蒙法案》。——译注

随意剥削、利用。左拉也曾经不遗余力地揭露无产阶级的悲惨境况，他同时也是一位动物保护主义的强烈支持者："我们难道不能……首先达成共识，那就是我们对动物是负有爱的使命的。……仅以消灭痛苦的名义便可为之。消灭痛苦，这种自然赖以生存的令人憎恶的苦难，这种人类应该不遗余力、设法消除的苦难，这是我们唯一应该坚持不懈的斗争。""自然赖以生存的、令人憎恶的苦难"这个说法，值得我们细细体会，因为如果只说我们人类对你们动物的所作所为的话，我们会以为，是我们剥夺了你们生活的自然状态，即原来那个虽非天堂但至少平静安逸的自然状态。但事实并非如此，羚羊在丛林中被狮子活活吞掉，所以丛林本身也是残忍的屠宰场。人类同样是在进化中逐渐成为猎人和肉食者，或许这才是人类状况的陷阱，一方面我们在思想上即使不是置身自然之上，起码也是置身自然之外的，另一方面自然却将生存文化施加于人类，同时还将动物的本能传承给我们。我们不能像你们动物一样以自然为借口为自身辩护，我们还背负道德义务或者拥有道德能力，这让我们负有责任，也不允许我们完全模仿你们的行为。所以该我们多些人性，而不是自然多些人性；该我们让你们摆脱大自然的残暴，而非用我们的残暴取代大自然的残暴。

承认动物有思想，是绝对不会被允许的，诸如所谓小牛爱妈妈、害怕死亡，或哪怕说它能看到人的行为，都不可以。因为这种想法太危险了，假如对这样的想法听之任之，那么所有的既定社会秩序都要受到威胁。动物的眼睛不是眼睛，奴隶的眼睛也不是眼睛，暴君可不愿看到他们的眼睛。

阿兰

（法国哲学家，1868—1951）

维克多·雨果，另外一位进步的积极参与的作家，也曾揭露人类对动物的暴行，并强调动物具有的善：你们读读他的《历代传说》（*La Légende des siècles*）中令人震撼的诗歌《蟾蜍》吧。大部分女性主义者也都很支持保护动物，比如路易斯·米歇尔（Louise Michel）①，她曾写道："一个人对动物越是残忍，在主宰他的人面前就越是曲意逢迎。"4

如果说盎格鲁－撒克逊的哲学家站在实用的角度，为保护动物大声疾呼，那么法国和大部分欧洲国家则延续了笛卡尔理性主义和天主教传统，二者的思想基础并不一样。到了 20 世纪，大部分法国哲学家，例如让－保罗·萨特，依旧认为人和动物之间有着天壤之别，并嘲笑那些出于"感性"而关心动物保护的人。即使是埃马纽埃尔·列维纳斯（Emmanuel Lévinas）②——我非常了解他——都不承认动物的脸庞会让人肃然起敬、生发道德感。但我还是要列举出两个例外，一位是雅克·德里达（Jacques Derrida）③，他是素食者，并写了《动物，故我在》（*L'animal que donc je suis*）一书，猛烈控诉人类对动物的残暴行为。他在书中将集约化养殖场比作纳粹灭

① 路易斯·米歇尔（1830—1905），教师，法国巴黎公社女英雄。——译注

② 埃马纽埃尔·列维纳斯（1905—1995），法国哲学家。——译注

③ 雅克·德里达（1930—2004），法国哲学家，20 世纪下半期最重要的法国思想家之一。——译注

绝营，并且严厉抨击"工业暴力、机械暴力、化学暴力、荷尔蒙暴力、基因暴力……所有这些都是人类强加在动物身上的"⁵。另一位是伊丽莎白·德·丰特奈（Élisabeth de Fontenay）①，她的学识与她对动物的爱一样深厚广博，她的重要著作《动物的静默》（ *Le Silence des bêtes: la philosophie à l'épreuve de l'animalité* ），是有关古希腊至今的动物概念的哲学史研究。针对笛卡尔把人看作"自然的主人和拥有者"这样的断言，她呼吁人类要"负起责任，成为动物保护者"。

---

① 伊丽莎白·德·丰特奈，生于1934年，法国哲学家和随笔作家，以支持动物福利事业而著称。——译注

第七封信

超越『物种歧视』的争论

从古代开始，无论是在古希腊还是古印度，人类就提出了这样的问题：道德、权利是否可以扩展到动物身上？可以看出，大部分西方哲学家都认为公正本身蕴涵着契约和互惠性质，即我如果对他人拥有权利，那么同时对他人也负有义务。但是如果我们人类赋予你们动物以权利，你们又如何能够履行对于我们的义务呢？既然我们彼此语言不同，你们无法理解我们提出的道德契约，相互尊重又如何谈起呢？公正是单方面的行为吗？正是因为考虑到这些问题，当代大部分哲学家和神学家都拒绝给予你们动物以法人和法律主体的地位。

情况也并非一直如此，尤其是中世纪基督教时期和文艺复兴时期。我们往往不知道，在12世纪到18世纪之间，动物会受到起诉，今天看来简直荒诞不经，但是这也恰恰从侧面反映出，"动物是否该为自己的行为负责的问题"是如何提出来的。1120年，巴泰勒米（Barthélemy）主教宣布啃食农作物的田鼠和毛虫是不受欢迎的动物，并将其逐出教会。

第二年，他又谴责了苍蝇，将其逐出教会。这样的例子不胜枚举，象鼻虫也曾被正式传唤至法庭，但它没能到场，因此人们为它指定了一位律师，最后也被宣判驱逐出教会。1386年，在诺曼底的法莱兹，一头母猪成为阶下囚，接受了审判并被残忍地判处截掉肢体，其罪名是吞食一名儿童的脸部和胳膊，并导致其死亡。神学家们就此并未达成共识，但是大多数还是坚持动物可以为自己的行为负责的立场，所有的生物都有灵魂，而高等动物的灵魂跟人类基本相近。对于13世纪的神学家大阿尔伯特（Albert le Grand）而言，动物和人类的主要区别就是，是否拥有宗教情感，宗教情感才被认为是人类特有的情感。但是这并不妨碍在那个人和动物亲密共处的时代，一些神学家提出诸如动物是否该守斋，是否该周日工作，是否该由于行为不当而被判刑，等等。从17世纪开始，这种争论不再成为热点，因为问题已经很明了：动物开始被看作机器，而不再是司法判决的对象。

为了走出这种死胡同，过世不久的美国哲学家汤姆·里根（Tom Regan）[①] 曾经建议区分"道德主体"和"道德客体"。道德主体是理性能力充分发展的人，能对自己的行为负责，并能参与社会契约，该契约内含权利和义务的对等。道德客体则因为理性能力并未健全发展，无

---

① 汤姆·里根（1938—2017），美国专门研究动物权利的哲学家。——译注

法参与类似的社会契约，但是可以将其视为易受害的个体，因而他人对其负有保护的道德责任。儿童、精神疾病患者、老人及动物都属于这一范畴。他们不能为自己的行为负责，但还是有感情、有欲望，有一定的意识和认知活动的生命，因此我们不能肆意对待他们，而该给予其应有的权利。

我完全赞同这一观点。历史表明，我们人类的道德意识确实在进步，虽然偶有倒退，但却不断延伸到其他群体。在远古社会，起初，尊重只限于同一部落的成员之间，然后扩展到了其他部落的成员，接着是整个城邦，最后到达外邦的范围。在很长时间内，我们以"低下"为由，认为有一些人（比如奴隶）不配得到尊重。但是这种思想的藩篱，在过去的几个世纪里已经被打破。18世纪末起，出现了"人权"的概念，并逐渐在全世界得到传播。现在，即使还不能认为"人权"已植入所有人心底，但是它确实逐步润泽了所有人类个体，无论其肤色、性别和宗教。确保所有人的完整人格受到尊重，包括对弱势群体，如儿童和精神疾病患者的尊重，在我们看来天经地义。而将"人权"拓展到你们动物身上则代表着人类道德伦理发展到一个新阶段、一种极致境界。正如达尔文在1871年所说："对低等动物的仁慈是人类具有的最高贵的品质之一，这将是道德情感发展的最后阶段。只有当我们关心所有有感情的生物时，我们的道德才达到了最高水平。"[1]其道理很简单：尊重身边的人相对容易，好处显而易见。但是尊重跟我们相去甚远的生物、另一物种的生物，则是真正无私的表现，真正对他者的关怀是纯粹无私的。

动物行为学使我们更好地了解你们动物，也因此增强了人类对你们的道德感。既然我们已经知道，你们对痛苦有感知，你们有丰富多样的情感世界，你们有时候也能自我表征，并会回顾过往，那么我们对你们的态度也就应该发生变化。对你们的这些了解会增强人类的共情心，并对你们产生尊重之情。当然，在很多时候，我们人类还是更愿意停留在蓄意的无知幻象中。最近我去一个朋友家吃饭，席间我一点也没吃配在鸡蛋旁边的培根，朋友对此相当惊讶。我告诉他，实际上，我非常喜欢培根，但是读了一本关于猪的情感和智力方面的书后，我就尝试不吃猪肉制品了。他听后对我说："那你千万别让我看那本书，我太爱吃培根了！"

鲍里斯·西瑞尼克很准确地表述了这种思想上的变化："人类的共情心越是发展，移情他者的情感、关注他者的情感的能力就越强。加之有关动物的科学研究数据越多，人类强迫、折磨和杀戮动物的现象就会越少。这种想法可能会颠覆我们西方的思想体系，也因此会颠覆我们人类和你们动物的相互关系，改变我们人类自身的生活方式。"[2]

按照这种思想逻辑，有人把对你们动物的歧视等同于人类社会所有其他形式的歧视（种族、性别、社会歧视等）。因种族不同而拒绝给予某些个体权利的，我们称之为种族歧视；因性别不同而拒绝给予权利的，我们称之为性别歧视；那么同理，只赋予某一个物种基本权利的行为，难道不可以称之为"物种歧视"（spécisme）吗？这个词是牛津大学心理学家理查德·里德（Richard Ryder）[①] 于 1970 年提出的。该词尚未正式进入法语词典，但是《牛津英语词典》给出了如下定义："正如种族歧视或性别歧视一样，物种歧视是指蔑视除人类以外其他物种的生命、尊严和需求的态度。"牛津大学一个名叫彼得·辛格（Peter Singer）[②] 的学生从这一概念得到启发，于 1975 年出版专著《动物解放》（*La Libération animale*），该书在全球畅销，随后成为"反物种歧视"运动的经典之作。从汤姆·里根到艾默里克·卡隆（Aymeric Caron）[③]，从乔纳森·萨弗兰·弗尔（Jonathan Safran Foer）[④] 到马修·理查德（Matthieu Richard），无数的知识

[①] 理查德·里德，生于 1940 年，英国作家，心理学家，动物福利倡导者。——译注

[②] 彼得·辛格，生于 1946 年，澳大利亚哲学家，现代功利主义（Utilitarianism）代表人物，动物解放运动活动家，代表作《动物解放》。——译注

[③] 艾默里克·卡隆，生于 1971 年，法国广播电视记者。——译注

[④] 乔纳森·萨弗兰·弗尔，生于 1977 年，美国小说家，著有《吃动物：一个杂食者的困惑》。——译注

平等原则要求：一个生物，无论其本性如何，它所遭受的痛苦，都应该像所有人所遭受的痛苦一样，得到平等的关注。

彼得·辛格

（澳大利亚哲学家，生于1946年）

分子和作家都推动、普及了"反物种歧视"的理念。

这个概念乍一看大气慷慨，且充满吸引力，但是存在一些逻辑问题。法国哲学家弗兰西斯·沃尔夫（Francis Wolff）[①] 就对这个词持保留态度，并强调说，只有人会炮制出这样的概念：人的确是唯一能够对自己提出"反物种歧视"的物种。这样一来，这个概念本身与概念的制定者构成了矛盾，因为它要求人类"不能以动物对动物或动物对人的那种方式对待动物"[3]。从理论上讲，沃尔夫的论证是完全恰当的，但是从实践层面来说，我觉得这并不是决定性的。我们确实是唯一能够提出反物种歧视概念的物种，也是唯一能发展出对其他物种的非歧视态度的物种，但是恰恰是因为我们人类有这种良知和普世的道德感（这是前面讨论过的人类的特点之一），才会将自己通用的尊重概念推广至你们动物身上。当然了，亲爱的动物们，我们没有征求你们的意见，就自作主张要尊重你们，赋予你们权利。但既然这么做是出于捍卫你们的利益，那么这种态度就是完全道德的，至于它是否具有相互性或者得到你们的赞同，就不那么重要了。

我对"反物种歧视"存有异议，主要是因为这一思想的现实后果。将人类的道德责任扩展到作为道德客体的动物身上，一旦这种思想被接受，另一个更加困难

---

① 弗兰西斯·沃尔夫，生于1950年，法国哲学家，巴黎高等师范学校名誉教授。——译注

的问题就会接踵而来：我们是否从此应该以同样的方式对待所有的动物？换句话说，我们能否把权利赋予一些动物，而拒绝将其赋予另一些动物？例如，是不是杀戮和食用某些动物是合法的，而对另一些动物则是不合法的呢？如此一来，标准又是什么呢？然而，如果坚持"反物种歧视"的逻辑，那我们不但不能歧视人类以外的所有动物，还不能在各类不同动物之间存有歧视。让－巴蒂斯特·让热纳·维尔梅（Jean-Baptiste Jeangène Vilmer）①，一位年轻的法国哲学家，曾著有几部动物伦理方面的作品。他明确表示："对不同动物的歧视也是'物种歧视'，如果你一边反对亚洲人杀戮猫狗、食用猫肉狗肉的行为，并反对猎杀小海豹或鲸类：另一边却接受宰杀猪牛、食用猪牛肉的行为，并接受猎杀松鸡、捕捞鳟鱼，那么你就是一个'物种歧视主义者'。"[4]

维尔梅给出的例子看起来非常恰当，因为他列举的动物在感知和智商方面都非常相似，假如我们把这种"反物种歧视"的逻辑推演到极致，那么所有动物无一例外都该受到尊重。为什么该尊重狗、尊重奶牛、尊重猪，而不尊重蚯蚓、蚊子和鼠妇？如果所有物种的尊严平等，那么对动物绝对尊重的限度在哪里？现在还没有，但是一个"反物种歧视"的信徒，从逻辑上讲，是不应该杀

---

① 让－巴蒂斯特·让热纳·维尔梅，生于 1978 年，法国哲学家、法学家、政治学家。——译注

大多数人都喜爱动物，但是这种喜爱到餐桌边就烟消云散。

马修·理查德

（藏传佛教僧人、法国随笔作家，生于1946年）

戮任何生物或者危害它们的利益的。雌蚊子就是叮人吸血才能使卵发育成熟，人有什么样的权利拍死它呢？螨虫就是以人的衣物为食，为什么要消灭它呢？让我们也放过那些在屋檐上筑巢的胡蜂和啃噬房梁的白蚁吗？

所以我的看法正好与此相反，我认为人类有必要区别对待不同的动物，区别的标准是感知、智力和自我意识。越是敏感、越具有较强自我意识的动物，它就越需要被尊重。越是容易感知痛苦的动物，我们人类越有责任减少它受苦的概率。显然，海绵动物不如黑猩猩敏感，贝壳类动物也没有哺乳动物敏感。在我看来，如果不加区分，动物伦理就会走入死胡同。但是，"反物种歧视"的思想从原则上不能进行这种区分。一些反物种歧视的思想家，以盎格鲁－撒克逊功利主义哲学的名义，试图运用分级的标准来解决这一问题：以涉事者的感受为依据判定一种行为是否是道德的。也就是说，一个行为引发的痛苦越大，它就越该受到责备。这正是彼得·辛格的立场，他完全认同以功利主义的原则区别对待动物。如果是这样的话，那他所宣扬的"反物种歧视"思想还剩下多少呢？因为他将物种歧视定义为"一种支持本物种集团成员的利益，而危害其他物种利益的偏见或成见"[5]。这并不是平等地尊重所有物种，而是根据个体的痛苦程度，无论是动物个体还是人类个体，调整我们的道德行为。对他而言，"反物种歧视"意味着不再赋予人类高于其他物种的价值，而是平等地考虑所有物种整体的利益和情感。这种推理是完全合乎逻辑的，也是很吸引人的，但是它牵涉的具体的道德要求却是让人难以接受的。根据这种逻辑，一个出生三星期的婴儿，其生命价值是比不上一只成年狗或猪的，因为后者忍受痛苦的能力、智力和自我意识都要高于那个小婴儿。如果遇到火灾，那么首先该去救的是狗而不是婴儿。

我不赞同这样的观点，所以选择在人类利益和任何其他动物的利益之间分出轻重缓急，毕竟我属于人类，自然而然在情感上更偏向人类。但又有哪种动物会牺牲自己的后代，以救助一个进化程度更高的异类动物呢？没有一种。所有动物都只会对自己的同类表达出最大限度的同情。既然这样，我们怎么能要求一个人去做出那样的道德选择呢？如果一头驴子驮着一个孩子掉进井里，那么毫无疑问，我会首先救孩子，这完全是下意识的行为。

正由于以上种种原因，有关物种歧视和反物种歧视的争论让我很无奈。与其在模糊且非此即彼的层面讨论"物种歧视"或"反物种歧视"，还不如先想想以下问题：

你是否愿意将自己的道德责任及与之相伴的部分权利让渡给动物？是给所有动物，还是只给其中一些？区分的标准是什么？我觉得，哲学家伊丽莎白·德·丰特奈在探讨这个问题时，就比较接近我们的立场："只有那些标榜所有生物道德平等的人，也就是动物废奴主义者，才不接受生物间存在不同程度的差异的改良想法。但是动物之间确实有不同程度的差异，承认这一点才是现实的态度。这种差异性和多样性，以及一些动物比另外一些动物拥有更多的基因信息、能够处理更多的记忆信息的事实，是物种进化的结果，也是有科学依据的。承认这一点，也大概是分配权利时区别对待不同动物的理由。"[6]

我们人类该如何付诸行动

我们人类想要更好地尊重你们动物，不想再将你们物化，但是该如何付诸行动呢？答案首先是从每个人做起。每个人都可以培养起爱动物的道德。这种道德行为首先要提倡，在人和动物的直接关系中，不去虐待动物，避免任何一种出于纯粹取乐性质的动物虐杀行为，如消遣性的斗牛、打猎或钓鱼。要区分必需的打猎、钓鱼和单纯以消遣为目的的打猎、钓鱼。以猎杀动物取乐或观看斗杀动物表演是非常残忍的活动，与其他上千种消遣方式完全不一样。一个朋友曾经对我说他酷爱打猎，并且花了一大笔钱，获准去非洲猎杀一头大水牛。但是当时水牛成对出现，他猎杀了公水牛，母水牛就向他发起攻击。由于生命受到威胁，他因此有权同时要了母水牛的性命。"你明白吗？我花了一个的钱却猎杀了两头水牛。"他对我说，同时眼里闪烁着小孩子一样的激动之情。从那天之后，我就再也不想见这位朋友了。每次一想到他，脑海里就浮现出他激动闪光的眼神，他为了自己消遣，猎杀了两头不幸的水牛，这让人觉得恶心。

继毒品交易、假冒伪造、人口贩卖之后，世界上第四大非法交易，就是针对你们动物的偷猎行为。如何看待这种非法交易呢？又怎么看待图瓦里野生动物园内被割去犀角、惨遭猎杀的犀牛呢？即使你们身处动物园或自然保护区，有武器装备护送你们的一些同伴，或者有最新的科技手段保护你们（例如热感应摄像头或无人驾驶飞机），仍然不能保证你们免受伤害，这难道不让人感到心痛吗？2016年，法国加强了象牙贸易相关的法律，开始禁止天然象牙和犀角贸易，但是还有大批数量不容忽视的象牙或犀角制品通过非法渠道进行贸易。

另外一种尊重你们动物的方式就是不食用肉类，人类不吃肉也完全可以过得很好。这类食物都是剥削动物获取的，我们还记得人类以多么残忍的方式将小牛和母牛分离，几个月后再屠宰小牛。还有一些人走得更远，到了避免食用各种乳类和蛋类（以及所有含乳、蛋的食品）的地步，他们是完全的素食者，甚至拒绝购买动物制品，如羊毛大衣、皮鞋等。显然正是这些人拒绝任何形式的动物剥削，行为上表现出最大限度的统一性。虽然一般素食者、纯素食主义者以及道德意义上的完全素食者还只是一小部分人，但是他们的规模在西方社会不断扩大，尤其在年轻一代中。

诚然，偏见还在继续，很多人还是认为食用肉类对健康的体魄必不可少，但是科学研究不断发现相反的事实！世界卫生组织最近也指出，食肉过量除了引发生态问题之外，还是众多心血管疾病的根源，并且成为某些癌症的诱因。17世纪的思想家笛卡尔虽然对动物并不怎么友好，但也赞成上面的观点，并主张一种科学的素食主义，以期拥有更健康的身体。我们还错误地认为肉类是蛋白质含量最高的，事实上，大豆比肉类的蛋白质含量高两倍，在富含蛋白质的食物排行中，肉类只占到第十四位。一些高水平的运动员也是纯素食主义者，比如神奇的短跑健将卡尔·刘易斯，他曾九次获得奥运会金牌。

除了这些容易消除的偏见之外，我们对肉类的偏好也植根于某些完全非理性的缘由，如文化传统、习惯和口味。食物是各种文化的核心，也构成各种文化的基础，有时候还与宗教这一重要文化媒介相结合：西方的圣诞节要吃火鸡，穆斯林的宰羊节要吃羊肉。法国西南地区吃肥鹅肝，阿尔萨斯地区吃配肉的酸菜，北部－加来海峡大区则吃牡蛎薯条。所有这些饮食习惯已经（或长久以来）成为我们文化不可分割的部分，很难在短期内消除。在现代这样一个思想定位缺失、很多人无所适从的时代，我们很可能为这些传统所诱惑并试图紧紧抓住它们，因为它们才是慰藉人心的文化符号。习惯也是牵制我们成为素食者的巨大力量。从孩提时代，肉类和鱼类就是我们菜单上的首选原料，仅仅因为相信素食的合理性就一下子放弃肉类是不可能的。如果我们喜欢红肉，那么要永远地放弃吃牛排就会特别困难！对很多人来说，妈妈或祖母精心烹饪的蔬菜牛肉汤、苦苣配火腿、烤沙丁鱼或炖小牛肉，就如同普鲁斯特心心念念的小玛德莱娜蛋糕。

无疑，素食主义、纯粹素食主义或者完全素食主义是农场动物免于遭受痛苦的最好方案。但是考虑到大多数人这样做还有很大困难，所以我们提出一些折中的方案，虽然这些方案还不能完全令人满意，但是已经可以减轻很多农场的动物的痛苦。首先就是购买生态农业出产的鸡蛋，确保鸡群生活在户外，能够自由觅食，或者购买能够自由觅食的农场的小鸡。越来越多的年轻养殖者开始关注动物福利，并坚持规模适度的养殖，这样就能更多地考虑到动物自身的需求和感受。我们还可以考虑设立一个"人性化养殖肉"的标签，这样的标签会表无尽的同情，把所有生物联结在一起，此乃道德最牢固、最可靠的保证。

叔本华

（德国哲学家，1788—1860）

明我们买的肉或在饭店点的肉食都来自于此类人性化养殖场。我相信，如果真有这样的标签，很多消费者宁愿多花钱，也会选择这类肉，同时也能鼓励其他养殖者放弃密集养殖方式。

但是还有一个大问题，那就是屠宰问题。正如弗兰兹－奥利弗·吉斯贝尔（Franz-Olivier Giesbert）[①]——他也是素食者——所写的："在死亡面前，屠宰场的动物和人类的眼神是一样的。除了个别例外，屠宰场即使不是我们罪行的展示，也是弱肉强食的耻辱丛林。"[1] 动物保护组织 L214 播放的视频，披露了各类屠宰场，包括宰杀生态养殖或小规模养殖动物的屠宰场的恐怖场面，令公众大为震惊。震惊之余，众议员奥利弗·法劳尼（Olivier Falorni）[②] 代表那些关心并爱护动物的养殖者，创立了一个国会委员会，并于 2016 年秋季召集所有肉类行业和几个重要的动物保护组织，举行了听证会。他提出的建议主要是在屠宰场安装监控摄像头，以杜绝针对动物的恶意和残暴行为。很快，于 2017 年 1 月 12 日通过了相关的法律。这是一个不容置疑的进步，但是与动物福利还相去甚远，因为动物们还经常在极其恶劣的条件下被运送到屠宰场，并被高速屠宰，以保证盈利，其中越来越多的动物并未被致昏就直接宰杀了。

[①] 弗兰兹－奥利弗·吉斯贝尔，1949 年生于美国特拉华州，法国记者兼作家。——译注

[②] 奥利弗·法劳尼，生于 1972 年，法国政治家，于 2012 年 6 月 17 日当选为法国国民议会议员。——译注

事实上，要解决凶残屠宰的问题只有一种方法，那就是农场屠宰。这种方式在北欧国家越来越多，它具有多种优点：首先动物免除了在恶劣条件下被运送至陌生地方的折磨，其次可以免受排队等待死亡的压力，最后它能在无痛苦的情况下被屠宰。很不幸的是，尽管有很多养殖者提出这样的要求（其中一些人绕过法国法律，借力于欧盟规定，因为欧盟允许移动屠宰[2]），法国却禁止这样的屠宰方式。官方声称是因为卫生问题，而实际上则明显受制于屠宰工业集团的巨大压力。社会学家，同时也是法国农业科学研究院研究主任乔斯琳·波切（Jocelyne Porcher）[1] 和养殖者斯蒂芬·第纳尔（Stéphane Dinard）共同创立了一个团体，名为"当屠宰来到农场"，该团体吸收了很多支持该理念的养殖者和协会。

如果农场屠宰被允许的话，那就可以推出"人性化养殖肉"或"动物福利肉"的标签，这些标签将保证农场动物从出生到死亡的权利受到尊重。这样做，当然远远不能解决所有问题，但这却是一个极大的进步，这能使那些关注动物痛苦但自己无法转为素食者的肉食消费者，为减少工业化养殖和屠宰做出自己的贡献。

这样的目标也是我们称之为"动物福利主义"（英语为"welfare"）潮流的目标，他们希望尽可能地减少动物

---

① 乔斯琳·波切，生于 1956 年，法国社会学家、畜牧学家。——译注

的痛苦。全世界有很多动物福利主义组织，比如法国的AFAAD①或Welfarm②，他们和养殖者、屠宰场、肉类销售系统或医药实验室协同工作，目的在于改善动物福利，同时又不完全改变现存的系统。和"动物福利主义"不同的是"动物废奴主义"，以纯粹素食者为代表，他们要求终止一切利用动物达成实用或商业目的的行为：不论是食用，利用动物皮毛，还是将动物用作实验品，以及在马戏团里以动物作为娱乐。

汤姆·里根明确表示："动物权利的运动就是一场动物废奴主义的运动；我们的目标不是加宽笼子而是清空笼子。"[3]但是，亲爱的动物们，妨碍你们解放的最大障碍是司法层面的：即使人们目前认为你们是有知觉的，你们却依旧会被当作财产来对待。你们不像人类那样拥有"人"的法律地位，而是像财产一样可以被买卖。"动物废奴主义者"想要改善的就是，使动物像人类一样，由现在的财产地位转变为"法律主体"。

这将成为真正的革命：无人有权"拥有"动物、买卖动物或对其享有任何权利。这不仅仅是动物养殖的彻底结束（这或许并非坏事），也是宠物马、宠物狗、宠物猫等各类宠物的绝迹。就像"废奴主义者"对你们期待

---

① 全称为 Association en Faveur de l'Abattage des Animaux dans la Dignité，即"动物人道屠宰协会"。——译注
② 法国动物保护非政府组织，非营利性，关注动物从生到死的整体福利，包括养殖、运输、屠宰。——译注

的那样："让你们平静地生活。"但是，几千年来，有很多动物逐渐成为人类的伙伴，它们并未因此而受到折磨，所以以后宠物不在主人的照看下生活，驯养的动物回到野生状态也不被看好。

为了避免这样的极端结果（这几乎也是不可能施行的），一些关注动物福利的法学家，如法国人让－皮埃尔·马格诺（Jean-Pierre Marguénaud）[①]提出一个折中的方案：动物可以不作为法律主体，但是可以获得法人地位。这其中的差别是非常细微的，但也是至关重要的。一个法律主体，像所有自然人一样，拥有不可转让权，因此不可成为任何人的财产。法人则没有不可转让权，但是他人如果认为某个法人受到了虐待，可以帮助维护该法人的权利。

很多国家已将动物权益纳入宪法，推动立法取得了长足的进步。印度就率先在宪法中加入对动物的同情义务这一条款，而巴西则在宪法层面禁止对动物施虐。欧洲的瑞士、德国、奥地利和卢森堡也都在宪法中加入动物保护的条款。比利时有几个部委协调负责动物福利事务，因此，动物福利已经成为完整的政府职能，并由一名动物福利部部长来承担责任。2016年12月，布鲁塞尔还成立了一个动物福利委员会，该委员会是一个咨询

[①] 让－皮埃尔·马格诺，生于1951年，法国法学家，利摩日大学法学教授。——译注

机构，负责发布各种关于动物福利的非强制性通知或公告，并帮助协调与动物福利相关的各个部门的工作，加强它们之间的合作。

法国也有一大批人想要将动物福利事业提升到首要地位，因此有一些重要人物要求建立一个国家动物福利办公室——这是一件大好事，我还会在此书的结束语中提及此事——或者发起一个《动物政治声明》，让动物状况的话题进入政治辩论，并向总统候选人提交具体措施。另外，正如荷兰一样，法国也于 2016 年 11 月成立了一个动物政党。

我积极行动，争取改变法国《民法典》中动物的法律地位，因为到目前为止，《民法典》还将动物视为"动产"，而非"有知觉的生物"。我和动物保护组织"3000 万朋友协会"（Association 30 millions d'amis）①联合起来，动员了很多科学家朋友和哲学家朋友——例如：吕克·费里（Luc Ferry）②、米歇尔·翁弗雷（Michel Onfray）③、安德烈·孔特－斯蓬维尔（André

---

① 该协会成立于 1995 年，创立者是让 - 皮埃尔·于坦，主要致力于改善各种动物的福利。——译注

② 吕克·费里，1951 年生，法国当代哲学家，巴黎索邦大学哲学、政治学教授，2002—2004 年任法国教育部部长。——译注

③ 米歇尔·翁弗雷，1959 年生，法国哲学家、随笔作家。他的思想汲取了尼采、伊壁鸠鲁及犬儒派哲学的精髓。主要著作：《旅行理论》《无神论》《哲学家的肚子》《向森林求助》等，其中多部在三十多个国家翻译、出版。——译注

对人类道德的真正考验，……是观察人和被人支配的动物之间的关系。在这方面，人类千疮百孔，漏洞百出，混乱不堪。

米兰·昆德拉

（捷克作家，生于1929年）

Comte-Sponville）①、鲍里斯·西瑞尼克、于贝尔·雷弗（Hubert Reeves）②等等——签署了一份请愿书，要求修订《民法典》。这份请愿书激起了各种媒体的巨大反响。因此，2015年1月28日，国会议员们最终投票修改了《民法典》第518条。此后，《民法典》将承认动物为"有知觉的生物"，而非"动产"（法典第515-14条）。这样《民法典》和《农业法典》《刑法典》就协调一致了。但是，动物还是被视为"财产"，而非可以享有某些基本权利的"法人"。

在此，有必要提及2015年12月9日的一场特别的判决。一位养狗人卖了一只小狗，但是这只小狗后来被发现患有先天性白内障，并产生视觉模糊。买家就将卖家告上了法庭，卖家提议给买家换只小狗。但是最高法院驳斥了卖家的说法，认为"这只狗是独一无二的，它不可调换，宠物本来就是要去享受主人宠爱的，它不肩负任何经济使命"。在此，宠物之所以不可调换，是因为主人赋予它的价值优先于宠物自身的价值。不过，要真正实现进步，还得等到哪一天，法庭不仅仅站在主人这一边，还要说明动物离开主人也要忍受很大的痛苦。

在离婚案中，也会出现人与宠物的情感割舍问题。在阿拉斯加，此类案件的处理最近已经发生改变，法律

---

① 安德烈·孔特-斯蓬维尔著有《小爱大德》。——译注

② 于贝尔·雷弗，法国天体物理学家，写过大量科普作品，如《太空中的耐心》《星尘》《宇宙编年史》《我将没有时间》等。——译注

承认宠物富有情感，并赋予宠物几乎与孩子同样的法律地位——这才是真正考虑动物的福利，并且也是默许了动物的幸福权。在瑞士，如果有几个人共同争夺一只动物的所有权，法官就会调查动物的生存状况、动物的利益之所在，考虑它跟哪个人生活会比较幸福，然后决定谁来成为它的主人。

瑞士还有人建议在每个州设立一个律师职位，专门负责为动物谋福利，为动物发声。但是很不幸，这样一个颇具创新性又给人以希望的建议却未被采纳。

有一点能让我们对动物的状况保持乐观，那就是欧洲各大学几乎都开设了关于动物权利的课程。一些司法机构对"动物法人"的探索也取得了进展。2013年，印度已经将海豚认定为"非人类法人"，它们有权享有自由并不得被用于商业用途。阿根廷的司法部门也赋予一只红猩猩某些权利。红猩猩桑德拉生活在动物园中，常年被展示给游客，并且没有足够的活动空间，刑事法庭裁定给予它"人身保护令"（即未经法庭判定则不得被关起来）。因为法庭认为桑德拉具有相当的认知能力，限制其自由是不合法的，因此桑德拉也被视为"法人"。然而，桑德拉生于动物园，终其一生都在动物园里度过，它已经无法被放归大自然中了。

这些都为解决其他类似的问题提供了思路，如动物园、马戏团和水族馆里被随意禁闭的动物。

亲爱的动物们，还有一种保护你们的方式，那就是重新审视人类利用动物进行消遣的方式。如何看待那些仅仅为了人类消遣而沦为奴隶的动物？如何看待那些终其一生被关在笼子里、只有表演时才会出来跑几圈的动物呢？在当今这个拥有丰富的动物纪录片的时代，再以教育意义为借口，为动物园和水族馆存在的合理性辩护，已经站不住脚。

除了提倡必要的个人的高尚行为来从根本上推进动物福利事业之外，还有一些领域需要立法者行动起来。以下四点在我看来是最为紧迫的：第一，准许农场屠宰但禁止活宰动物；第二，动物可以有辩护律师，在受到虐待时可以剥夺主人的饲养权（而不仅仅是交罚金）；第三，禁止出于消遣而猎杀动物；第四，如果有其他替代办法，禁止进行动物实验。

对最后一点，我讲得不多。事实上，全世界每年有大约五千万，法国有两百多万的动物被用于动物实验。诚实地讲，我们在药店里所能买到的几乎所有药物都在动物身上实验过了，而且我们现在还不能声明取缔所有动物实验。但是随着人类社会的进步，现在已经可以禁止使用动物来测试美容产品（如洗发水、化妆品等），因为这些对人类来说并不是致命的。另外还应该要求医学研究的实验室，无论是基础研究还是药学研究，只能在没有其他替代方法的情况下才能使用动物做实验。但是，出于惯性、惰性以及对利润的追求，大部分的实验室还在继续折磨猴子、狗、鼠和猪等动物，哪怕可以采用其他方法推进研究，哪怕已有的动物实验最终被证明是无效的。美国心理学家哈利·哈洛（Harry Harlow）就曾在几十年时间里，将婴儿恒河猴关在铁笼子里，以研究"社会孤立效应"，使得数千只恒河猴饱受折磨。在其职业生涯的最后，他终于承认"大部分的实验都不值得去做，而且所得到的数据也不值得发表"[4]。面对这么多不计其数的虐待动物的案例，欧盟于 2010 年出台了一项指令，明确规定"除非没有其他的替代方法，否则不得将动物用于科学或教育目的"。但是即使有这样的指令，即使有无数的替代方法（例如活体外细胞培养、组织培养或器官培养等），大部分的实验室依旧在折磨动物。唯一的办法就是出台相关的法律来终结这样的状况。

第九封信

我们人类与你们动物的共同战斗

将人类和你们动物的利益对立起来，是徒劳无益的。尊重你们，停止虐待，放弃工业化养殖，其实也是人类的利益之所在。一些伟大的思想家已经不止一次提到，施加给动物的暴行只是未来对同类施暴的演习。小说家玛格丽特·尤瑟纳尔（Marguerite Yourcenar）① 就此做过清醒的剖析："大家都起来反对无知、反对冷漠、反对暴行吧，这些无知、冷漠的暴行之所以还未经常落在人类头上，那是因为他们正在拿动物练手。我们要记住，这一切行为都会加诸我们自身，如果少一些受虐的动物，就会少一些受难的儿童；如果少一些运送无水无食、等待屠宰的动物的货车，就会少一些独裁者押送死囚的铅皮车厢；如果狩猎者不再迷恋猎杀动物，就会有更少的人死在枪口之下。"[1]

　　同样的，大部分的养殖者和屠夫最后也因为屠宰了太多动物，而饱受精神上的煎熬。虽然他们会自我安慰，说你们动物不会痛苦，但事实上，即使对你们的痛苦充耳不闻、视而不见，很不幸他们还是无法欺骗自己。社

---

① 玛格丽特·尤瑟纳尔（1903—1987），法国诗人、小说家、戏剧家和翻译家。1980 年当选为法兰西科学院院士，是第一位入选法兰西科学院的女性。——译注

会学家，同时作为法国农业科学研究院研究主任的乔斯琳·波切就表明：传统的养殖者和动物建立了善意的个人关系，因此比密集养殖者更少感到焦虑和抑郁，因为后者在养殖过程中毫不体谅动物的感受。大部分养殖者除了忍受精神上的痛苦，还遭受着经济上的困境，因为肉类工业（包括屠宰场、加工厂、大超市的分销和售卖部门）往往以低于成本的价格从养殖者那里买进牲畜，成为这一产业链中唯一获利的环节。法国记者艾默里克·卡隆一语中的："请注意这可悲的连环套，动物成为养殖者的奴隶，而养殖者则成为工厂老板的奴隶。"[2]

最后，过度食肉引发了众多的环境和卫生问题，因为要养活 60 亿和我们一样吃肉的人是不可能的。前面我简单提及过度食肉引发的健康问题，相关的研究也在增加，其中一项是由欧洲癌症与营养的前瞻性调查研究团队进行的，被调查人数为 52.1 万。他们的研究表明，相对于那些吃红肉少的人，吃红肉多的人患结肠癌的概率增加了 35%。牛津大学针对 10 万名被调查者的研究同样显示，每日食肉平均会增加 20% 的心血管疾病死亡风险以及 13% 的癌症死亡风险。我们还可以列举与工业化养殖相关的公共卫生丑闻，比如"疯牛病"等。但是，在此我想着重讨论一下工业化养殖对全世界的环境问题和心灵是独一无二的，驱使我们虐待动物的苦难迟早会表现在人与人的关系上。针对其他生灵的一切残忍行径都是"有违人类尊严的"。

罗马教皇方济各

（生于1936年）

我们难道不能……首先达成共识，那就是我们对动物是负有爱的使命的。……仅以消灭痛苦的名义便可为之。消灭痛苦，这种自然赖以生存的令人憎恶的苦难，这种人类应该不遗余力、设法消除的苦难，是我们唯一应该坚持不懈的斗争。

左拉

（法国作家，1840—1902）

加重全球性营养不良问题的灾难性影响。

养殖业是气候变暖的罪魁祸首之一，排在交通因素之前。一位素食者对改善气候异常做出的贡献，比一位放弃开车出行的人更多。世界三分之二的可耕地被用来当作牧场或用来种植牲畜所需的食物，而能养活人类的土地却极端匮乏。1985 年，埃塞俄比亚发生饥荒的同年，还向英国出口了几百万吨牲畜食用的谷物。算法很简单：生产 1 公斤肉所需的土地相当于生产 200 公斤西红柿或者 160 公斤土豆的土地。1 公顷土地能养活 2 个肉食者或 50 个素食者。正如马修·理查德所说的："吃肉是富国牺牲穷国利益的特权。"[3] 而且问题还远未解决：虽然红肉（最危害环境）消费在西方因为健康原因有下降趋势，但是在新崛起的国家，如中国，却呈爆炸式增长趋势（在过去 20 年，增加了 600%）。

全世界一半的饮用水被用来生产肉和奶制品（美国占了 80%）。艾默里克·卡隆计算了一下：生产 1 公斤的牛排所需水量，等同于一个每天洗澡的人 1 年的用水量（大约 15000 升）。与此同时，世界上还有 40% 的人口忍受着水资源短缺的灾难……

过度消费肉类还在地球上引发了其他危害，森林也是主要的受害者：80% 的亚马孙热带森林的破坏，可能都和牛的数量增加有关。大量树木被砍伐，除了加重温室效应之外，还导致很多物种的灭绝。工业捕鱼的破坏性有过之而无不及，每年近1000亿次的捕捞破坏了海床，并导致无数的鱼和珊瑚灭绝。更多普通人不了解的是，在捕捞某些稀有的鱼类或甲壳类动物的同时，渔网会捕到大量其他鱼类，这些鱼会窒息而死，再被扔回大海。乔纳森·萨弗兰·弗尔在其专著《吃动物：一个杂食者的困惑》（*Faut-il manger des animaux?*）中指出，每捕捞500克的虾，就有13公斤的其他海洋动物被弄死并被扔回大海；而为了捕获金枪鱼，会有145种其他动物跟着遭殃。以现在狩猎、捕鱼和砍伐的速度计算，估计30年后将有30%的物种会因此而灭绝。更别提饲养动物排放的粪便所带来的严重的地下水和河流污染了。总而言之，以你们动物为食，不但伤害你们，对我们人类以及我们共同的家园地球，都是巨大的灾难。

第十封信

你们这些对我们人类有益的动物

可以看出，几千年来，我们人类对待你们动物，主要基于实用的目的：我们利用你们、剥削你们，以满足自身吃、穿、用、行的需要。当然，不可否认，一些人和动物之间有相互依恋的关系，主要是人和马、猫、狗或鸟等动物之间。但是人和动物之间的友好只是现代社会才有的事情，是随着大量动物进入家庭、充当宠物以后才发生的。据估计，在法国，大约三分之二的家庭都拥有一只宠物，也就是 6000 万宠物，这些宠物主要是狗、猫、鱼和啮齿动物。其实人和宠物之间的依恋关系对双方都大有裨益，因为彼此都会给对方带去温情、关怀和安全感。我先后养了六只猫（娜依蒂、斑布、德艾斯、布什金、彭彭和沙芒）和三只狗（高乐飞、古斯塔夫和卢娜），我可以证明它们对我生活的巨大影响。这些动物中有六只已经死去，每一次我都伤心得像失去了亲密挚友一样。在我生活最艰难的时候，它们都以自己的性情、自己的方式带给我安慰、温情和快乐。我写作每本书时几乎都有一只猫咪陪坐在电脑旁，它们当然给我带来了创作上的灵感。而在写作间隙去散步时，又有狗狗陪着我，使我放松身心，找回自我。总之，动物伙伴带给了我很多温情和安慰，我也希望自己给予了它们应有的关爱和温情——尽管目前我生活动荡，经常不在三只猫身边。在所有这些动物伙伴中，给我印象最深的应该是那只名叫古斯塔夫的莱昂贝格混血犬，我是在它10个月大时从动物保护协会收养了它。它原名叫曼哈顿，可能是因为出生在2001年9月11日（美国纽约"9·11恐袭事件"发生日）左右。6个月大的时候，它被第一任主人遗弃，后被动物保护协会收留。但是这次遗弃给它精神上带来很大创伤，从那以后它就不能再单独待着了。如果被单独留在家里，它会打碎家里的所有东西，如果用绳子把它系在外面，它就会叫个不停。我之前有两位主人收养它后，都因为不堪忍受而又把它送回到动物保护协会。那时我住在枫丹白露森林的一个小村子里，我养的母猫斑布刚刚被不怀好意的邻居毒死。几个月后，我决定去动物保护协会重新收养一只猫。就是在那次，我远远看见了这只高大威猛的莱昂贝格混血犬，它当时体重已达60公斤，但是眼神看起来却非常哀伤。我一下子就喜欢上了它。协会的工作人员向我讲述了它的故事，并告诉我要收养它的话，必须保证经常在家才行，而我显然不合适。因此我还是按照原计划收养了一只黑猫，并且取名为布什金。但我还是不时地想起曼哈顿。三个月后，我回到动物保护协会给猫办手续，结果又听到了曼哈顿低沉而有力的叫声：它还在收容所。工作人员告诉我，它已经是第四次被收养，然后又被送回来了，如果还不能尽快找到合适的收养人，那就只能对它实施安乐死了，因为收容所里满员了。听完这话，我毫不犹豫地带上它回家了。在它余生的八年中，我总是尽力想办法陪护它，或者找邻居帮忙，或者数次出差中带着它。从第一天起，我们之间就建立了一种强烈的联系。我给它重新取名为"古斯塔夫"。它成了我最亲近的朋友之一，带给我安慰、温情、信心和好心情，成为散步时默契的伙伴。它大大的脑袋像个毛绒熊，特别讨人喜欢，我们散步时经历过很多令人感动的场景，尤其是和它喜欢的小孩子们在一起。它还乐于保护猫咪一类的小动物。我收养了猫咪彭彭和沙芒后，看到它和小猫咪们一起趴在木头上呼呼大睡，真是让人内心充满无尽的喜悦。在我遭遇痛苦的时刻，尤其是我伤心欲绝的时候，有好多次，它都过来用舌头舔我的脸安慰我，而它的逝去也在很长一段时间内令我郁郁寡欢。

　　我在自己的猫猫狗狗身上发现了很多曾经以为是人

类特有的体验，即个体间情感纽带的巨大力量。这跟人类之间的情感完全一样，动物完全能够感受我们的情感，并给予我们需要的安慰。我的一个女性朋友宝乐有天晚上下班回家，发现屋内空空荡荡，原来伴侣离开了她，并带走了所有家具、物什，只留下宠物猫和猫食盆。当她伤心流泪的时候，那只绰号叫"毛"的猫咪过来舔她的脸蛋，把她的泪水抹去，就这样一直持续了半个小时。宠物以及其他动物，如马、驴、猪、鸟等，会跟人建立起非常深厚且持久的情感。我还记得我爷爷和一只红喉雀之间的友谊。每天早上，他在花园里读报纸，那只红喉雀就会飞到他旁边。还有我的朋友于贝尔·雷弗会花上数小时和他在马利科讷的房子里养的鸟儿们交流。另一位魁北克朋友克里斯蒂娜·米肖，则和一只巨大的蜥蜴锐锐、一只鹦鹉肖邦建立了非同一般的友谊。鹦鹉每天晚上在她回家后都会问一句："你今天过得怎么样啊？"

显然，这些动物的存在给我们带来很多益处，它们帮助孩子获得自信，陪伴老人挨过寂寞。但是，在有些情况下，对动物的过度依恋则暴露出一个人无法在人群中过社会生活的问题。我们可能都见过那种愤世嫉俗的人，他们逃离同类的陪伴，在动物那里寻找慰藉。这些人通常都是被排斥、被抛弃，或受过伤害的人，他们在善待动物，会出乎意料地让人类习惯善待彼此。对动物都能尽显温柔、充满善意的人，不会对自己的同类恶意相向。

普鲁塔克

（罗马帝国作家、哲学家、史学家）

动物伙伴那里找到了完美的友情、持久的安慰。还有些人自己住在非常狭小的空间里，却养着数十只动物。这些病态表现被称为"诺亚综合征"。很多病症和对动物的过度依赖、过度专一有关，比如有些孩子可能会逃避其他孩子，而更喜欢宠物令人安心的陪伴，但是这会让他们脱离社会。对宠物的痴迷也会给动物自身带来问题。每年夏天，我们都会伤心地听到动物被遗弃在高速公路边上的新闻，那些不负责任的主人对待动物就像物品一样，某一刻为宠物所困扰，就将其永久抛弃了。买卖动物也引发了很多问题，就我个人而言，我从未想过要买卖一只动物，而这个市场却有着巨大的商机，同时伴随着很多可怕的后果：未卖出的动物有时候或者被杀，或者被转卖给医药实验室，成为动物实验的样本。其实养宠物的个人或动物收容所都有充足的动物可供领养，因此动物买卖完全没有必要。

近六十多年来，发展起一种和动物相关的治疗方式：动物治疗学（la zothérapie）。"治疗"一词容易引起医学界的争议，为了避免争议，有人也称其为"动物调理"或"动物辅助治疗"。但是这种利用动物来帮助某些病人痊愈或改善其状况的方式，其实并不新鲜。早在19世纪，一些医生就已经将动物引入医疗护理机构（尤其是疯人院），安抚病人。但是现代意义上的"动物治疗学之父"是鲍里斯·莱温松（Boris Levinson）[1]。20世纪50年代，这位纽约的精神科医生在自己的诊所里接待了一名叫约翰尼的孤独症儿童。那天，医生的宠物狗叮当正好趁其不注意溜进了诊所。医生还未来得及将它赶走，却发现约翰尼被叮当吸引，想跟它玩儿。医生观察着这个场景，惊愕地发现这个孩子不再沉默不语，而是跟狗狗说起话来。在那天的咨询以后，孩子微笑着请求再次见到狗狗。就这样，动物陪伴治疗师（可以是医生、心理学家、精神运动训练者）的动物辅助治疗就产生了。无论是身体或精神方面的疾病，动物辅助治疗都是有用的：包括多重残障人士、失明、事故受害者、抑郁症、孤独症或是具有消极的自我意象的人。另外，动物辅助治疗对于抚慰生病的儿童或者帮助囚犯重新适应社会，都具有积极作用。

狗是最常承担辅助治疗的动物。因为狗忠实，能保护人，还能安慰人，强化人的同理心，重振人的自信，而它快活爱玩的天性则会增强人的创造力、想象力，并改善抑郁者的情绪。猫能够安抚神经紧张的人，动物医生让-伊夫·高歇（Jean-Yves Gauchet）[2]——"猫呼噜治疗法"的创始人，就认为猫的呼噜声能够增进人的血清

① 鲍里斯·莱温松（1907—1984），美国精神分析师、临床心理学家。——译注
② 让-伊夫·高歇，法国图卢兹市一名兽医，擅长自然医学。——译注

素的产生，对控制血压有益，并能增强人的幸福感。这一点我可以证明！我曾经吃惊地发现，当身体的某一部位不舒服的时候（比如肠道不好，下腹疼痛时），我养的猫经常爬过来，在那个部位打呼噜。因此，有人认为猫咪对老年人有好处。塞纳河畔伊夫里市的夏尔-福瓦医院里住着一些老年病人，近三十年来，医院引进了二百多只猫（经过防疫检测）。这些猫在医院里自由穿梭，如果受到病人邀请，还可以进入病人房间。结果无论是改善焦虑或抑郁问题，还是缓解某些身体问题（如高血压），其效果都是非常显著的。还有一些监狱，如华盛顿特区的洛顿监狱借助猫来安抚囚犯的情绪，改善囚犯的抑郁症，并降低其攻击性。

马也越来越多地用于（辅助）治疗，帮助病人（儿童或成人）更好地认识自我，建立自信或他信，学习控制情感，逐步社会化。现在还有越来越多的马术中心专门提供辅助治疗服务，主要是帮助孤独症儿童或有性格缺陷的儿童。对这些儿童而言，和马在一起比和人在一起更放松。通过和马交流，他们更加信任他人，并尝试向他人敞开心扉，与他人交流。马还用于多种其他治疗，如运动疗法或精神运动疗法。

海豚治疗或海豚辅助治疗，也同样用于孤独症儿童这才是我们如此喜爱（并且爱得深沉）小狗若飞这类动物的真正原因：它们对主人死心塌地的依恋，它们生活得简简单单，完全从令人难以忍受的文明冲突中解脱出来，还有它们生命本身完美无瑕。……我经常一边抚摸着若飞，一边不自觉地哼起自己熟悉的曲调，歌剧《唐乔万尼》中的咏叹调——虽然我唱得并不优美。友谊已将我们紧紧地联系在一起了。

西格蒙德·弗洛伊德

（奥地利医生，精神分析学派奠基人，1856—1939）

和社交障碍儿童，因为海豚天性热情、活泼，体贴他人，有助于安抚患者并帮助患者学习信任他人。但是这又引发了抓捕海豚的问题。被囚禁的海豚并不快乐，而且为了捕到最漂亮的海豚，人们还会杀死数百只其他海豚。所以我们最好去大海里观察海豚，并和海豚一起嬉戏吧！

亲爱的动物朋友们，很多形式的治疗都得到动物的辅助，我也很高兴看到越来越多的护理机构求助于你们，求助于狗、猫、啮齿动物、马、驴、鸟和其他动物。全法国就有数百家这样的小机构，他们积极开展着各种形式的动物辅助治疗。法国电视三台勃艮第地方台最近还推出了一档感人的系列报道节目，让我们可以对这些机构的工作窥见一斑。第一条报道是有关黄金海岸动物疗法协会（AZCO，全称 Association de Zoothérapie de Côte d'Or）的精神运动训练师和动物辅助治疗师的，他们到第戎大学医疗中心儿童医院，为肿瘤科患病儿童进行兔子、豚鼠和毛丝鼠辅助的治疗。孩子们想跟动物待多久就待多久，他们可以抚摸动物，给它们刷毛、喂食。在孩子忙于和动物共享这段时光的时候，就能比较容易地向医生和治疗师说出自己的感受。第二条报道则是关于善良的训练鸟类的专家于贝尔·若斯兰的，他是"爱心猫头鹰"协会的创始人，在养老院和残障人士看护院开展"猫头鹰治疗"工作坊，希望这种不太常见的动物能给老人或残障人士带去笑声。第三条报道则给我们展示了一个导盲犬学校，该校将小狗送到一些家庭中教养两年，然后再送给失明者，这样小狗们就能在日常生活中帮助主人，带给他们温情。

有些人的想法更好，他们将狗带到学校，借助狗狗对孩子们进行暴力预防的教育，比如"儿童－动物－大自然"暴力预防协会的创始人玛丽-克里斯蒂娜·沙米耶-丽波维斯基，就经常带着她的金毛猎犬丽丽，去小学课堂组织课外活动。狗狗就在旁边，玛丽-克里斯蒂娜会利用各种方式（比如书、电影、画）讲述针对动物的暴力问题，而有些暴虐行为就是孩子们施加给动物的。然后大家共同讨论暴力问题，如暴力的成因及暴力更深层的理由等等。再从对动物的暴力行为转到孩子们之间的暴力行为，很多孩子都吐露了自己曾经遭受的或者施加给他人的暴力。有狗狗在场让大家感觉放松，因此对话进行得更加顺畅。如果有人起哄，丽丽会叫上几声，使教室重新恢复平静。

难道我们不能把人与人之间互益的关系扩展到你们

农场动物身上吗？我梦想着有这样的农场，在那里，饲养动物不是为了满足口腹之欲，而是为了让动物和谐地生活在我们人类中间。我小时候生活在农村，每到假期，就会去上阿尔卑斯省的一个小村子，那儿的农民养了很多动物。因此，我从童年时代就接触了猪、奶牛、小牛、母鸡、绵羊、山羊、驴和骡子这些农场动物，也清楚记得这些动物曾经让我多么开心。一些敌视素食主义的人跟我说，如果所有人都食素，那么这些动物就会从农村消失，直至死亡。我想说的是，人类首先可以建立起一种尊重动物福利的养殖方式。当我们不再吃肉的时候，是不是可以集体出资建造专供观赏动物的农场呢？这不也是人类和动物朋友们，和奶牛、猪、母鸡和绵羊等朋友们亲密接触的机会吗？当然，你们的数量肯定会大大减少，这是生态持续和避免饥荒所必需的，但是你们将继续在牧场上吃草，或在露天、宽广的围栏里自由雀跃。我们的孩子也可以来看你们，了解你们。因此这也是保护生态多样性的一种极好的方式。Welfarm协会就在默兹省的沃屈瓦建了一个类似的"圣殿"农场。在该农场，你们动物无须生产什么，在哪儿出生就在哪儿平静地生活，直至死亡。学校的孩子们成群结队去看望你们，跟你们动物成为好朋友。

后 记

　　弗里德里希·尼采，一位伟大的思想家，1889年在都灵看到一个马车夫用鞭子抽打一匹老马，便抱住老马的脖子痛哭，最终失去理智。亲爱的动物们，我现在觉得，我们其他人也都失去了理智——就表现在我们人类对待你们动物的方式上，但是起因不一样。人类自恃拥有高等智慧，其行为方式却完全没有理性，只是简单地满足自身利用动物、剥削动物的需求和欲望。有时候，为这种剥削寻找辩护的理由，竟和从前为蓄奴和童工辩护的经济理由一模一样。还有人声称，我们人类最好为改善人类的命运去奋斗，而不要把时间浪费在保护你们动物身上，好像这两者本身水火不相容。其实前文我已经提到，历史上很多动物福利保护者往往也是维护人权、反对社会上各类歧视的积极分子。彼得·辛格对类似的言论有个很精彩的回复："那些声称关注人类幸福和环境保护的人，哪怕只是出于以下这个理由，都应该成为素食者：养活世界上其他地方人口的粮食才能富余一些，污染才能少一些，水和能源也能节约一些，森林破坏也能少一些。此外，素食比肉食的成本更低，他们就会有更多的钱用于缓解饥荒、控制出生率，或任何在他们眼里最为紧急的社会或政治事务上了。"[1]

在自己有限的能力范围内，我长期致力于各类人道事业。帮助贫穷国家缺衣少食的儿童，支持倡导代际融合的协会——巴黎团结共赢协会（le Parisolidaire）。我还在法兰西基金会的支持下，与他人共同建立了一个基金会（www.fondationseve.org），旨在通过儿童教育，推动人类友好和谐共处。因此，亲爱的动物们，在一个我憧憬的更美好、更友好、更博爱的世界里，你们被排斥在外，实在是无法想象的。更何况，这样的理想为越来越多的人，尤其是年轻人所接受，他们再也不会对人类施加给你们的痛苦视而不见了。

人类历经曲折才走到今天。在几千年的时间里，我们从同类相食走到发表《人权宣言》，保障全人类的尊严和生命。但是，我们的所谓"人道"是建立在和你们对立的基础上的。西方那些启发了尊重人类的思想流派，主要是斯多葛主义和基督教，他们是将人与动物对立起来，并在此基础上提出了人道和人人平等的概念。无论种族、性别、宗教信仰和社会地位如何，人之所以成其为人，是因为他们具有神圣的逻各斯（斯多葛主义的观点），或因为他们是上帝之子（基督教教义），具有人格尊严。而你们动物则被剥夺了这种尊严，在过去的两千年里，你们为此付出了沉重的代价。但是从更长久的历史来看，你们可能也因祸得福，因为人类复杂历史的矛盾之处在于，源于古希腊和基督教的人道主义思想最终孕育出人权思想，并产生了反对各类歧视的斗争。近两百年来，在西方最终出现了保卫你们动物的呼声，相关的保护协会也不断增加，你们动物的权利不断增长。

　　我们人类正经历着向高级伦理阶段的过渡，我也衷心期待着世界大同的到来。到那时，普世的人道主义思想照耀大地，惠及众生，人类将不再鼠目寸光。到那时，新的"人道主义"思想盛行，大家互敬互爱，命运共享。

地之生物，繁茂丰富，种类多样。既然我们人类所向无敌，充满良知，那么就应保护芸芸众生，而非巧取豪夺。守卫世界，服务世界——人类的最高境界莫过于此。

结束语

写作本书的过程中，我提到好几项为改善动物生存状况而需要紧急开展的任务：创立动物福利伦理标签（这要求允许农场屠宰但禁止活宰）；如有其他替代方式，禁止进行动物实验；建立负责动物生存状态的国家秘书处；等等。

现在法国有数百家协会和基金会，致力于动物保护事业，它们为此付出了大量精力和财力，但是彼此之间的协调行动很少。法国缺乏像英国那样的协调机构，这样的机构可以将各个协会的行动目标和具体诉求集中起来。

这也是我根据 1901 年的法律 ① 创立"为了动物共同行动"（Ensemble pour les animaux）联盟的初衷，其目标就是联合致力于动物保护事业的各界名人和各个协会、基金会。本书出版的政治愿景，首要是呼吁建立国家级的动物生存状态秘书处。

　　值本书出版之际，我们还发起了全国性的请愿签名。您可以移步至"为了动物共同行动"联盟脸书主页，或 www.ensemblepourlesanimaux.org 网站，了解详情并签名支持我们。谢谢您的支持！

　　您还可以在本书作者的脸书主页和个人网站（www.fredericlenoir.com）上，了解其他最新信息。

---

① 法国 1901 年通过的非营利性社团法，旨在保障公民的结社自由。——译注

注 释

序言 最亲爱的动物们……

1. Spinoza, *Éthique*(《伦理学》), III, 9, scolie.

第一封信 我们人类是如何成为世界的主人的

1. Yuval Noah Harari, *Sapiens. Une brève histoire de l'humanité*(《人类简史》), Albin Michel, 2015, p. 51.

第二封信 我们人类从驯养到利用你们动物

1. Boris Cyrulnik, Élisabeth de Fontenay, Peter Singer, *Les animaux aussi ont des droits* , entre-

tiens avec Karine Lou Matignon (《动物也有权利——卡丽娜·卢·马蒂尼翁访谈录》), Seuil, 2013, p. 227.

2. Matthieu Ricard, *Plaidoyer pour les animaux. Vers une bien-veillance pour tous*(《为动物辩护——善意对待一切生灵》), Allary Éditions, 2014, p. 74.

3. Isaac Bashevis Singer, *Collected Stories: Gimpel the Fool to The Letter Writer*(《傻瓜吉姆佩尔》小说集), Library of America, 2004; *Le Blasphémateur et autres nouvelles*(《渎神者》小说集), Stock, 1968.

第三封信 难道你们只是动的"物"吗

1. Mark Twain, « Man's Place in the Animal World », in *Collected Tales, Sketches, Speeches and Essays, 1891-1910*("动物世界中人的地位",《短篇作品集，1891—1910 年》), Library of America, 1992.

2. Genèse(《创世记》), 1, 26 - 28, traduction de Louis Second.

3. Aristote, *Politique*(《政治学》), Vrin, 1995, p. 16.

4. René Descartes, *Discours de la méthode* V (《谈谈方法 V 》), Vrin, 1987.

第四封信 我们人类与你们动物是如此不同吗

1. Michel de Montaigne, *Essais*, livre I.

2. Michel de Montaigne, *Essais*, livre II.

3. Boris Cyrulnik, Élisabeth de Fontenay, Peter Singer, *Les animaux aussi ont des droits*, op. cit., p. 199.

4. Werner Heisenberg, *Physique et philosophie : la science moderne en révolution*(《物理和哲学：变革中的现代科学》), Albin Michel, 1961, p. 55.

Frans de Waal, *Sommes-nous trop «bêtes » pour comprendre l'intelligence des animaux ?* (《我们人类是不是过于蠢笨而不能了解动物的智慧？》), Les Liens qui libèrent, 2016.

第五封信 我们人类的特点

1. Rupert Sheldrake, *Les Pouvoirs inexpliqués des animaux* (《无法解释的动物能力》), J'ai lu, 2009.

2. Frans de Waal, *Sommes-nous trop «bêtes» pour comprendre l'intelligence des animaux ?*, op. cit., pp. 142 - 143.

3. Boris Cyrulnik, Élisabeth de Fontenay, Peter Singer, *Les animaux aussi ont des droits*, op. cit., pp. 236 - 237.

第六封信 我们人类从利用到保护你们动物

1. Arthur Schopenhauer, *Le Fondement de la morale*(《论道德的基础》), Baillière, 1879.

2. Jeremy Bentham, *Introduction aux principes de la morale et de la législation*(《道德与立法原理导论》), 1789.

3. Émile Zola, « L'amour des bêtes » ("动物的爱"), *Le Figaro*, 24 mars 1896.

4. Louise Michel, *Mémoires*(《回忆录》), F. Roy, libraire éditeur, 1886.

5. Jacques Derrida, *L'animal que donc je suis* (《动物，故我在》), Galilée, 2006.

第七封信 超越"物种歧视"的争论

1. Charles Darwin, *The Descent of Man, and Selection in Relation to Sex*(《人类起源和性选择》), John Murray, 1871, p. 101; *La Filiation de l'homme et la sélection liée au sexe*(《人类起源和性选择》), H. Champion, 2013.

2. Boris Cyrulnik, Élisabeth de Fontenay, Peter Singer, *Les animaux aussi ont des droits, op. cit.*, p. 207.

3. Francis Wolff, *Notre humanité. D'Aristote aux neuro-*

sciences(《我们的人性：从亚里士多德到神经科学》),
Fayard, coll. « Histoire de la pensée »("思想史"系列),
2010, p. 336.

4. Jean - Baptiste Jeangène Vilmer, *Éthique animale*(《动物
伦理学》), PUF, 2008, p. 47.

5. Peter Singer, *La Libération animale*(《动物解放》), Payot,
2012, p. 31.

6. Boris Cyrulnik, Élisabeth de Fontenay, Peter Singer, *Les
animaux aussi ont des droits*, *op. cit.*, p. 107.

第八封信 我们人类该如何付诸行动呢

1. Franz - Olivier Giesbert, *L'animal est une personne*(《动
物也是人》), Fayard, 2014 ; Pluriel, 2016, p. 134.

2. Isabelle Saporta, *Du courage. En finir avec ces trahisons
qui nous tueront*(《勇敢些，与伤害我们的背叛决裂》),
Fayard, 2017, p. 129 - 140.

3. Interview de Tom Regan dans les *Cahiers antispé-
cistes*(《反物种歧视手册》), n° 2, janvier 1992.

4. Matthieu Ricard, *Plaidoyer pour les animaux*, *op. cit.*,
p. 256.

第九封信 我们人类与你们动物的共同战斗

1. Marguerite Yourcenar, *Le Temps, ce grand sculpteur*(《时间这永恒的雕塑家》), Gallimard, 1983, p. 157.

2. Aymeric Caron, *Antispéciste : réconcilier l'humain, l'animal et la nature*(《反物种歧视主义者：人类、动物和大自然的和解》), Don Quichotte éditions, 2016, p. 267.

3. Matthieu Ricard, *Plaidoyer pour les animaux*, op. cit., p. 91.

后记

1.Peter Singer, *La Libération animale*, op. cit., p. 333.

致 谢

我衷心感谢所有认真审阅此书并提出宝贵意见的朋友，他们是：夏洛特·阿夫丽尔、亚历山大·阿热日、帕斯卡尔·赫特里希、阿斯特里·海曼·瓦卢瓦、格拉·克拉拉·克苏、朱莉·克洛茨、卡丽娜·卢·马蒂尼翁和吉丝兰·祖科洛。

同时非常感谢马利翁·帕西（个人主页www.parsyparla.com）为本书提供了精美的插图，感谢赫阿·于坦和"3000万朋友协会"，我们一直并肩奋斗，并且在该基金会年度文学奖颁布时结下了深厚友谊。

参考书目

Jean Birnbaum (dir.), *Qui sont les animaux?*, Folio, 2010.

Florence Burgat, *Une autre existence : la condition animale*, Albin Michel, 2012.

Aymeric Caron, *Antispéciste : réconcilier l'humain, l'animal et la nature*, Don Quichotte éditions, 2016.

Boris Cyrulnik, Élisabeth de Fontenay, Peter Singer, *Les animaux aussi ont des droits*, entretiens avec Karine Lou Matignon, Seuil, 2013; Points, 2015.

_, *No steak*, Fayard, 2013 ; J'ai lu, 2014.

Jacques Derrida, *L'Animal que donc je suis*, Galilée, 2006.

Élisabeth de Fontenay, *Le Silence des bêtes : la philosophie à l'épreuve de l'animalité*, Fayard, 1998 ; Points, 2015.

Franz - Olivier Giesbert, *L'animal est une personne : pour nos sœurs et frères les bêtes*, Fayard, 2014 ; Pluriel, 2016.

Yuval Noah Harari, *Sapiens : une brève histoire de l'humanité*, trad. de Pierre - Emmanuel Dauzat, Albin Michel, 2015.

Jean - Baptiste Jeangène Vilmer, *L'Éthique animale*, PUF, 2015.

Dominique Lestel, *L'animal est l'avenir de l'homme : munitions pour ceux qui veulent (toujours) défendre les animaux*, Fayard, 2010.

Jean - Pierre Marguénaud, *L'animal en droit privé*, Presses Universitaires de Limoges, 1992.

Karine Lou Matignon, *À l'écoute du monde sauvage : pour réinventer notre avenir*, Albin Michel, 2012.

Karine Lou Matignon (dir.), *Révolutions animales. Comment les animaux sont devenus intelligents*, Arte éditions/Les Liens qui Libèrent, 2016.

Jocelyne Porcher, *Vivre avec les animaux : une utopie pour le XXIe siècle*, La. Découverte, 2011.

Tom Regan, *La Philosophie des droits des animaux*, trad. de David Olivier, Françoise Blanchon Éditeur, 1991.

Matthieu Ricard, *Plaidoyer pour les animaux : vers une bienveillance pour tous*, Allary éditions, 2014 ; Pocket, 2015.

Jonathan Safran Foer, *Faut-il manger les animaux ?*, trad. de Gilles Berton et Raymond Clarinard, éditions de l'Olivier, 2011 ; Points, 2012.

Peter Singer, *La Libération animale*, trad. de Louise Rousselle et David Olivier, Grasset, 1993; Payot, 2012.

Frans de Waal, *Le Bonobo, Dieu et nous : à la recherche de l'humanisme chez les primates*, Les Liens qui libèrent, 2013; Actes Sud, 2015.

_, *Sommes-nous trop « bêtes » pour comprendre l'intelligence des animaux ?*, Les Liens qui libèrent, 2016.

Francis Wolff, *Notre humanité : d'Aristote aux neurosciences*, Fayard, coll. « Histoire de la pensée », 2010.